Biometrics

국내외 생체인식 산업분석보고서 2023개정판

저자 비피기술거래 비피제이기술거래

㈜ 비티타임즈

생체인식 산업분석 보고서

I. 서론

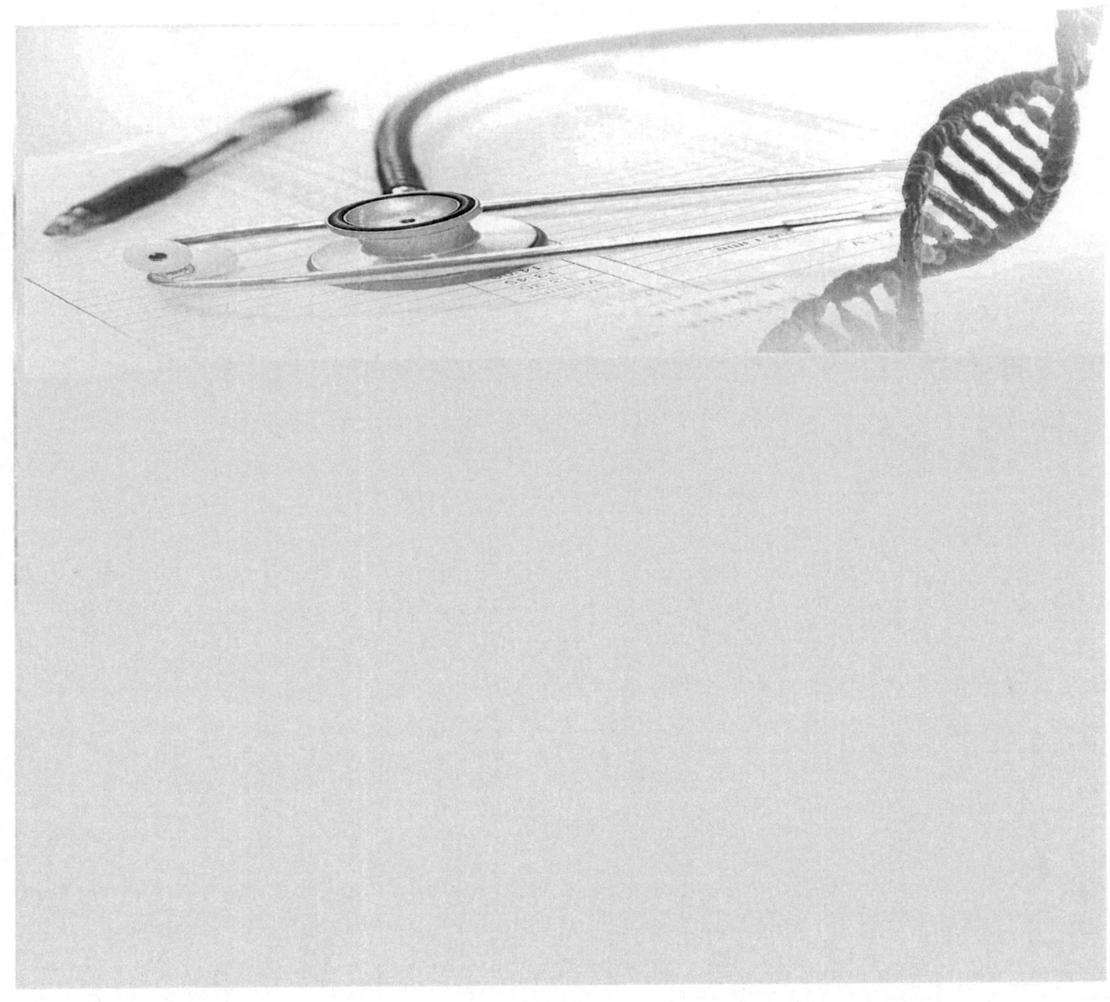

I. 서론

생체인식기술의 특징은 신원 확인을 위해 지문이나 홍채, 음성 등과 같이 신체적·행동적 특징의 불변성을 이용한다. 이 생체인식기술은 우리가 생각했던 것 보다 훨씬 더 오래전부터 행해지고 있었다. 고대 이집트 파라오들은 개개인의 신원 조회를 위해 사람의 키를 측정하곤 했다. 1960년대 말부터 1970년대 초의 생체인식기술은 인증을 위해 손가락 길이를 측정해 사용하였다. 우리에게 익숙한 생체인식기술인 지문 채취 역시 활용되어 온지 한 세기 이상이나 지났다. 생체 인식 기술은 이러한 발전의 역사를 거쳐 왔고, 생체인식장비와 시스템 시장 역시 1999년도에 약 1억$를 돌파하여 지금까지 꾸준히 성장하고 있다. 총 수요량 가운데 76%는 미국으로 공급되었다.

정보화 사회가 개방형으로 변화함에 따라 더 강력한 보안의 필요성이 대두되고 있다. 기존의 주민등록번호, PIN, ID, 패스워드 등이 분실이나 도난의 한계에 부딪힘에 따라 새롭고 강력한 대체적 보안 체계로 등장한 것이 바로 생체인식 기술이다. 개인의 고유한 신체적 특성이나 행동적 특성을 이용하기 때문에 기존 보안 체계가 가지고 있는 문제점을 해소할 수 있을 뿐 아니라, 인식시간이 짧기 때문에 편의성까지 함께 높아질 수 있다.

이러한 장점들이 과도한 정보의 오남용과 테러의 위험에 노출되어 있는 현대 사회에서의 필요성을 인정받아 지속적인 기술 연구가 진행되어 왔으며, 앞으로의 성장과 시장에서의 성공 가능성을 보장받고 있다. 국내 역시 세계 시장에 국한되어 있었던 기술의 도입뿐만 아니라, 토종적인 알고리즘 개발 연구와 수출을 진행하고 있다.

본 책에서는 이처럼 꾸준하게 확대되고 있는 시장인 생체인증의 정의와 장점, 종류를 살펴본 후 국내외의 생체인식 기술 현황을 알아보고자 한다. 그리고 이

러한 생체 인식 기술 시장의 전체적인 흐름에서부터 세부적인 주요 기술별 시
장의 동향을 살펴보며, 각 기술을 주도하거나 주도 가능성이 있는 기업에 대하
여 분석하고자 한다.

　지난 개정판에서는 최근 생체인식 시장 동향에서 이슈가 되고 있는 부분을
추가하였다. 먼저 FIDO Alliance에 대한 보다 자세한 설명과 함께, 국내외
FIDO인증 취득 사례를 덧붙였고, 지문인식 사업부터 시작하여 응용분야별 생
체인식 산업 동향에서 이슈가 되고 있는 사례들을 항목별로 추가하였으니, 참
고하시길 바란다.

　2023년 개정판에서는 그간의 시장과 기술동향에 대하여 업데이트를 하였다.

II. 생체인식 기술 개요

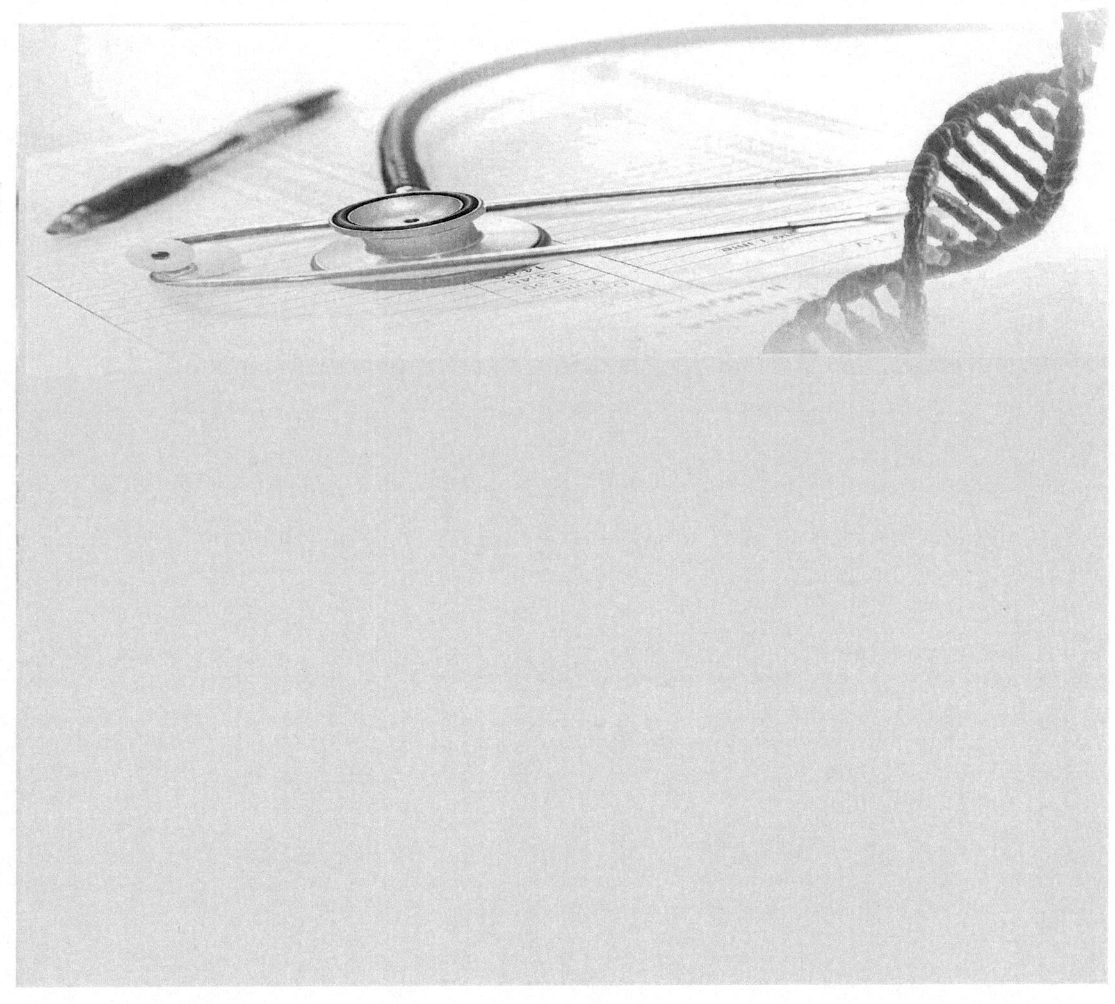

II. 생체인식 기술 개요

1. 생체인식기술의 정의

생체인식기술(Biometrics)이란 신체적인 특성이나 행위적인 특성을 자동으로 측정하고 이를 통해 신원을 파악하는 것이다. 국내 생체인식포럼은 이를 행동적, 생물학적 특징의 관찰 기반 한 사람의 인식으로 정의한다.

신체 정보는 말 그대로 사람의 신체에서 직접 정보를 추출한다. 여기에는 **지문 인식, 홍채나 망막 인식, 안면 인식, 손의 모양 인식 방법**이 있다. 신체적인 특성이 아닌, 행위적인 특성을 이용하는 방법도 있다. 음성인식이나 개인의 서명 인식 등이 이에 해당한다. 심지어 영국에서는 이미 개발된 위의 방법들 외에도 체취를 이용하는 방법도 개발되어 있다.

2. 생체인식기술의 장점

생체인식기술은 그 사용의 빈도가 점점 더 늘어나고 있다. 미국 시카고의 한 아파트는 출입시스템에 지문인식기술을 도입해 사용하고 있다. 미국의 거대 금융회사 CityBank 역시 홍채인식기술을 채택하려 하고 있다. 디즈니랜드도 사진을 이용하던 기존의 ID카드를 대체할 방법으로 지문인식을 채택하였다.

이처럼 생체인식기술이 다방면에서 이용되고 있는 이유는 기술이 가진 장점 때문이다. 우리의 몸은 수많은 암호를 지니고 있다. 각 개인마다 독특하고 고유한 특징을 가지고 있기 때문에 **도난·위조·복제가 불가능**할 뿐만 아니라 웹사이트에서 정한 ID와 비밀번호, 주민등록 번호, PIN(personal identification numbers), 사회보장번호처럼 잊어버릴 수 있는 것이 아니다.

이러한 기술을 반대로 이용하게 되면, 보안 침해를 가한 사람이 누군지 추적 가능해진다. 즉, **감사(Audit) 기능이 완벽하게 구축**되는 것이다.

고용주의 입장에서는 비밀번호 유지에 필요한 비용절감과 비밀번호가 공유되거나 누출되지 않으므로 보안성의 향상 효과가 있다. 고용인의 입장에서는 비밀번호를 암기할 필요가 없으며 보다 쉽게 로그인을 할 수 있고, 비밀을 유지할 수 있다. 소비자의 입장에서는 암호를 외울 필요가 없으며 보안이 지켜지며 온라인상에서 타인이 도용할 염려가 없다. 판매자의 입장에서 보면 생체정보는 고객이 이를 이용하여 사기나 기망을 할 수 없어 비용이 절감되며 계좌 등이 비밀로 유지된다. 공공의 측면에서는 사기행위를 보다 쉽게 적발할 수 있으며 타인 정보의 오용과 남용의 위험을 줄일 수 있다.[1]

3. 생체인식 기술의 단점

그러나 신체적인 특징을 이용한 생체인식기술의 경우에는 **손상과 감염의 문제에서 자유롭지 못하다**. 먼저, 신체 손상의 경우이다. 지문인식의 경우 손상된 지문을 가지고 있거나 아예 지문이 존재하지 않는 경우에는 기술의 적용이 불가능한 것이며, 홍채/망막 인식에서 시각장애인, 백내장 환자와 같은 경우에는 인식이 어려울 수 있다. 두 번째로, 감염의 문제이다. 지문인식, 홍채인식과 같은 경우 시스템 장비와 사람과의 직접적인 접촉이 있거나 굉장히 가까운 거리에서 인식이 이루어진다. 공공기관에서 사용하는 생체인식기계의 경우에는 바이러스에 노출된 사람이 장비를 이용했을 때의 감염 위험성이 높아진다는 단점이 있다.

---

1) 생체인식기술 (Biometrics)의 효과적 활용과 문제점, 정연덕, 2004

4. 생체인식 기술의 종류

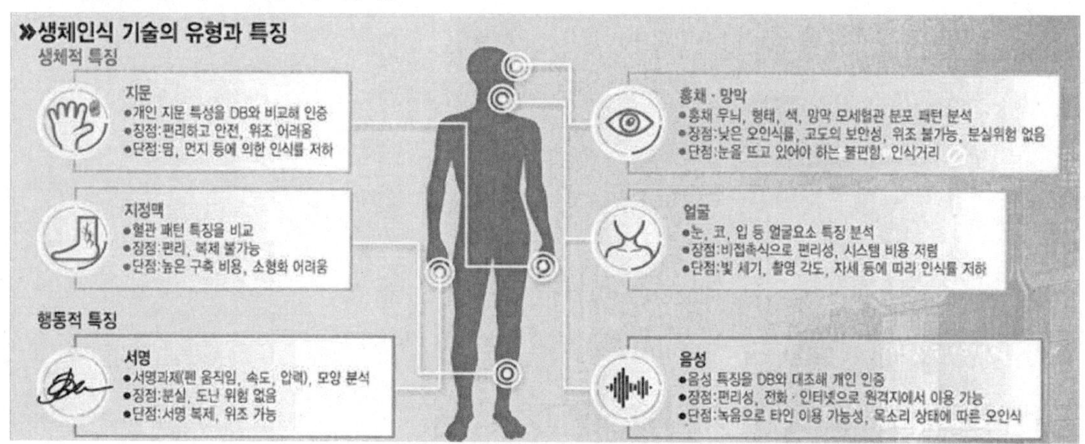

그림 3 생체인식 기술의 종류
자료 : 한국방송통신전파진흥원(KCA)

앞서 말했듯이 생체인식 기술은 개인의 고유한 신체특성 혹은 행위정보를 사용하여 신원을 파악한다. 생체인식 기술은 크게 두 가지 범주로 분류가 가능한데, 먼저 지문 인식, 홍채/망막 인식, 얼굴 인식, 손 모양 인식, 정맥 인식과 같은 신체 고유 특성을 이용한 **정적 생체인식 기술**, 그리고 음성 인식, 서명 인식, 걸음걸이 인식 등 특정한 몸짓과 행동을 이용하는 **동적 생체 인식 기술**이 있다.

1) 정적(靜的)생체인식 기술

(1) 지문 인식

생체인식 기술 가운데 가장 대표적으로 사용되고 있는 기술에 **'지문인식'**이 있다. 우리가 알고 있는 현대 지문 비교 기술은 1684년 영국에서 시작되었다. 영국 왕립 협회 소속 네에미아 크루가 사람들의 지문 모양이 서로 다르다는 것을 인식하고, 말발굽이나 소용돌이 모양 등과 같은 몇 개의 대표 범주를 정하여 분류할 수 있다는 것을 알게 되었다.

　지문인식 시스템은 기본적으로 지문 융선이 갈라지는 분기점과 융선이 끊어지는 단점 등으로 구성된 특징점의 위치와 속성을 추출, 저장, 비교의 알고리즘을 이용한다. 하나의 손가락을 영상 획득 장치의 평면 위에다 올려두게 되면 대부분의 개인용 지문 인식 시스템들은 지문의 영상 그대로를 저장하지 않고 이 지문의 영상에서 추출한 특징적인 정보만을 원본 데이터로 선별 저장하게 된다. 이런 시스템들에서는 등록되어 있는 지문 데이터에서 원본 지문 영상의 재생이 불가능하다. 때문에 법적 증명 방법으로는 사용될 수 없지만, 반대로 개인 정보의 보호 기능이 생기는 것이다.

구분	정전용량식 지문인식	광학식 지문인식	초음파식 지문인식
방식	지문의 융선과 골의 정전용량 차이로 지문을 인식하는 방식	가시광선(빛)에 반사된 지문 영상을 획득해 기존 등록된 지문 정보와 비교하는 방식	초음파를 발사하여 돌아오는 시간을 측정하고 지문의 높이차를 측정해 지문을 인식하는 방식
예시		상형	디스플레이 초음파센서

표 1 지문인식 기술의 종류
자료 : 삼성디스플레이 뉴스룸, 2019

　이뿐만이 아니라 최근에 출시된 지문 인식 장비들은 정당한 사용자가 아닌 불법 사용자가 위조된 지문을 사용하는 것을 막기 위해 지문 스캔과 동시에 지문이 살아있는 사람의 것인지 검사하기도 한다. 또, 실질적인 분야인 범죄 수사 업무에서도 약 20년 전부터 활용되어왔다. 이처럼 지문 인식은 생체인식 분야 가운데서 가장 오랜 시간 동안 발전하고 일반화되어 온 기술이다. 이러한 인식 기술은 범죄 수사뿐만이 아니라 시티뱅크와 같은 대규모 금융기관의 현금자동지급기(ATM) 사용 고객 인증이나, 뉴욕·캘리포니아의 복지수당의 이중 인출을 방지하는 공적인 업무에까지 다양하게 사용되고 있다.

그러나 스캐너에 물기나 땀이 묻어 있는 경우에는 오류 발생률이 크게 높아진다는 단점과, 접촉식 인증 방식이기 때문에 공공기관이나 은행의 경우 여러 사람이 연속적으로 접촉해 불쾌감을 일으킬 수 있다는 점, 지문이 손상되거나 닳아 없어진 경우에는 인식이 어렵다는 점 등이 지문인식이 해결해야 될 과제로 남아있다.

(2) 망막/홍채 인식

다음으로 **눈을 이용한 생체 인증인 망막/홍채 인증**이다. 망막과 홍채의 혈관이 인증 도구로 이용되는 것이다. 먼저 망막 인식은 인식 이용자의 안구 배면에 존재하는 모세 혈관의 구성을 인식한다. 이 혈관 역시 지문과 마찬가지로 변하지 않는 개인의 고유한 특징으로 존재한다. 망막 패턴을 인식하기 위해 미약한 강도, 작은 지름의 적색 광선으로 안구를 투시하고 이것이 망막 모세혈관에 반사되어 생긴 역광을 측정하게 된다.

그렇기 때문에 망막 패턴을 인식하기 위해서는 안경과 같은 장애물이 없는 상태에서 접안기를 이용하고, 접안기 내부에 존재하는 원통의 어두운 부분 가운데서도 적색광선이 반사 가능한 점에 초점을 맞추어야 한다. 이 패턴 인식 기술은 높은 보안성이 장점이지만, 이용자의 불편과 적색 레이저에 대한 불쾌감을 유발할 수 있다는 것이 단점이다.

홍채 인식은 망막 인식에 비해 가까이 접촉하거나 초점을 맞출 필요가 없다. 자연스러운 상태에서 적외선으로 홍채를 촬영하고, 특수한 알고리즘이 홍채의 데이터를 추출하고 분석하여 개인마다 다른 고유한 홍채 코드가 생성된다. 이 코드가 데이터베이스에 등록되면 데이터베이스와 이용자의 홍채 데이터를 비교하게 되는 것이다. 망막 인식의 단점이 보완되어 있기 때문에 다양한 분야의 적용이 기대될 뿐만 아니라, 홍채는 통계학적으로도 DNA 분석보다 정확하다고 알려져 있을 정도로 그 정확성이 보장되어 있다.

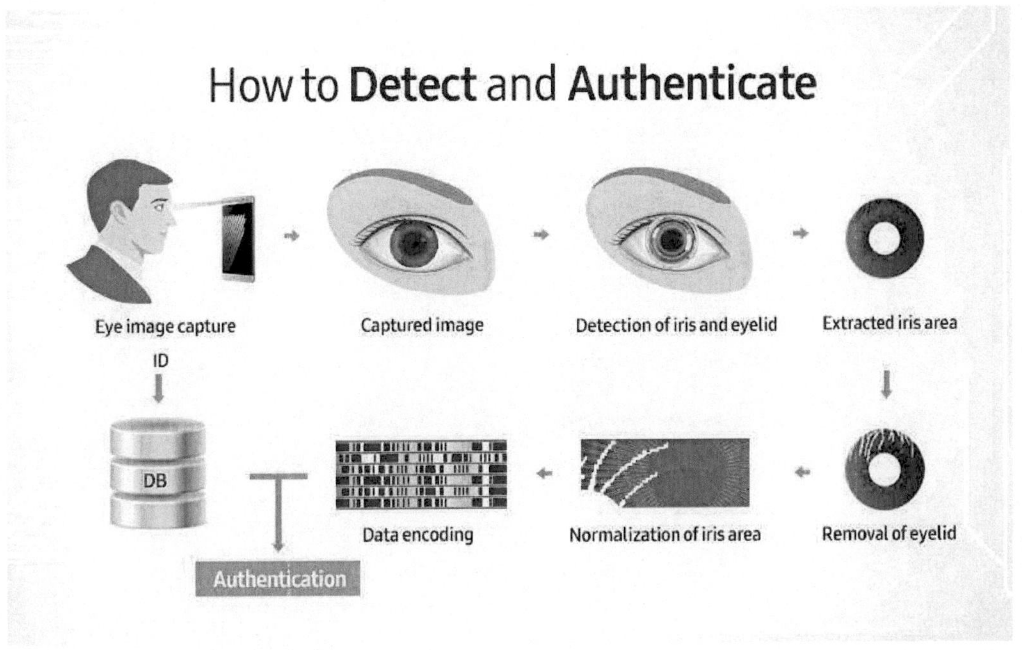

그림 4 홍채 인식 기술 원리
자료 : 한국IR협의회, 2021

외상이나 희귀 질환을 앓은 경우가 아니라면, 홍채는 일생 동안 변화할 일이 없고, 복제가 거의 불가능하며, 망막 인식과 달리 콘택트렌즈나 안경을 착용해도 그 인식이 가능하다. 그 정확성과 보안성을 인정받아 높은 보안성을 요구하는 곳과 미국, 캐나다, 영국, 네덜란드, 아이슬랜드 등의 국가 공항에서도 이용하고 있다. 다만 아직까지는 높은 가격과 사용자 거부감이나 불편함은 그 한계로 인식되고 있다.

(3) 얼굴 인식

얼굴 인식 과정은 크게 5단계를 거치며 진행된다. 먼저, 이용자의 영상이 입력된다. 그 가운데서 사람의 얼굴을 찾아 위치 정보를 추출하는 검출의 단계를 거치게 되고, 그 후 조명의 영향이나 잡음 등과 같은 불순물들을 보정하는 정련 과정을 수행하게 된다. 그 후에는 분류기를 통해 각각의 얼굴이 가지고 있는 특징을 추출하게 된다.

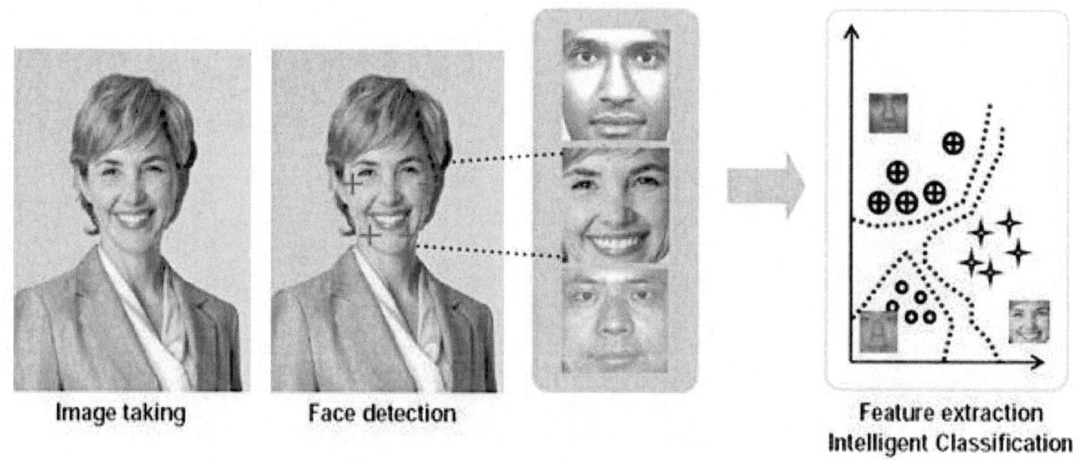

그림 5 얼굴인식 기술 원리

 이 가운데 가장 중요하고 어려운 단계가 바로 입력 영상에서 사람의 얼굴 영역만을 추출하는 단계이다. 크게 얼굴의 열 분포를 이용하는 방식과 2차원 혹은 3차원의 얼굴 영상을 이용하는 방식으로 나누어진다. 특히, 열상을 이용하는 방식의 경우에는 얼굴 혈관의 열을 적외선 카메라로 촬영한 후 디지털 정보로 변환해 저장하는데, 얼굴이 외과적인 손상을 입더라도 변하지 않는다는 장점이 있다. 두 가지 시스템은 현재 미국의 여러 기업들에서 활용하고 있다.

 앞서 언급한 지문인식이나 망막/홍채 인식 방법에 비해 가장 자연스러운 생체인식 방법이 바로 얼굴을 이용한 인식 방법이다. 지문 인식처럼 입력 장치에 접촉하지 않고, 비접촉만으로 자연스럽게 인식할 수 있다는 것이 가장 큰 강점이다.

아직까지 지문이나 홍채 인식에 비해서 비교적 채택률이 낮은 이유는 변장이나 세월이 흐르면서 생기는 얼굴 변화를 잘 알아보지 못하는 등의 약점 때문에 지문이나 홍채에 비교했을 때 비교적 낮은 인식률을 보이고 있기 때문이다.

또한, 이용자가 처한 상황 등에 따라 변하는 표정이나 조명의 위치나 세기에 따라 얼굴이 조금씩 다르게 보이는 것도 고려해야하며, 인식을 위해 데이터베이스에 저장된 사진들이 인공적인 자세로 찍히기 때문에 다른 사진 영상과의 비교 시 동일 인물로 판단하는 것에 어려움이 생긴다는 단점이 있다. 그럼에도 불구하고, 다중 생체 인식의 필요성과 활용 가능성이 높아짐에 따라 ICAO 등 출입국 관련 회의에서 얼굴 인식이 주요 인증 수단으로 결정되는 등 그 시장의 증가 가능성이 확대되고 있는 추세이다.

미국 Technology Recognition Systems사는 안면열상(Facial Thermogram) 방법을 이용하며, 영국 Neurodynamics Biometrics 사의 "NVISAGE"는 적외선을 사용해 생성한 3차원 안면 영상을 사용한다. 미국 Miros도 안면 열 분포를 이용한"TrueFace"를 PC, 출입 관리용 등으로 개발, 판매하고 있으며, 현금자동지급기 등에서도 활용되고 있다. 또한 미국 Identix 사의 "FaceIt"도 많이 알려진 얼굴 인식 시스템이다.[2]

(4) 손을 이용한 인식

다음으로는 가장 빨리 자동화된 생체인식 분야인 **'손 모양 인식'**이다. 미국 스탠포드 연구팀에서 사람들마다 다른 손가락의 길이를 인식하고 4,000여명의 손가락의 모양을 비교 분석한 후 이를 데이터로 저장하여 만든 인식 방법이다. 손이나 손가락의 모양 역시 지문이나 홍채와 같이 고유한 특징을 가지고 있다.

지문이나 망막/홍채를 이용해야 하는 시스템과 비교했을 때 열악한 환경에서도 안정적인 인식이 가능하고 적은 저장량을 가지고 있기 때문에 현장이나 야외에서 더욱 적합한 인식 방법이라고 할 수 있다. 이러한 장점 때문에 디즈

---

2) 2014 KISTEP 10대 미래유망기술 선정에 관한 연구, 최창택, 2014

니 월드에서도 스위스 BioMat Parterners의 Digi-2를 이용해 손가락 모양을
3차원으로 분석·인증하며, 산업 현장의 근태 관리용으로도 적합하다는 평가를
받아 상당수가 보급된 상태이다.

그러나 상대적으로 다른 인식 방법에 비해 정확도가 떨어지기 때문에 보안
의 중요성이 그다지 높지 않은 곳에 주로 쓰이고 있다.

손을 이용한 인식 시스템은 손 모양 외에도 손의 정맥을 인식하는 시스템이
있다. 이 인식 시스템은 손등 또는 손바닥 피부를 통해 정맥의 패턴을 추출하
는 방식을 취한다. 적외선 조명과 필터를 이용해 혈관의 밝기 대비를 최대화
시키고 난 뒤에 입력된 영상으로 정맥의 분포 패턴 정보를 추출하는 방법이다.

이는 지문을 인식하는 방식과 마찬가지로 특징점을 좌표로 인식하고, 더 나아
가 전체적인 혈관 모양을 비교하게 된다. 특히 이 방식은 혈관을 투시하고 그
잔영을 이용해 신원을 파악하는 특징을 가지고 있고, 인식하는 정보가 외부 노
출이 없는 혈관이기 때문에 복제 가능성이 거의 없다는 장점이 있다. 구성하고
있는 하드웨어가 복잡하며 소형화가 어렵고 시스템 비용이 상대적으로 높다는
단점이 있지만 지문이나 손 모양 인식 방법에 비해 거부감이 낮고 지문이 손
상되었거나 손가락이 없는 사람이 이용할 수 있다는 장점이 있어 발전 가능성
이 기대되는 인식 방법이다.

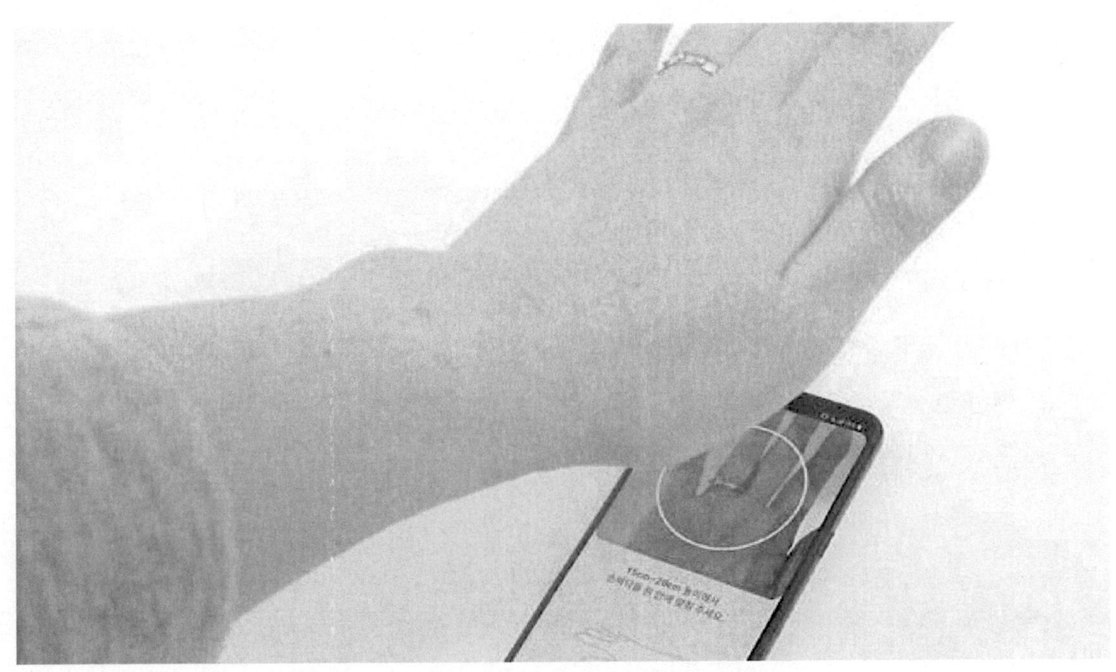
그림 6 손 정맥 인식 장면
자료 : 앱스토리, 2019

2) 동적(動的)생체인식 기술

(1) 음성 인식

동적 생체인식 기술의 대표적인 인식 방법에는 **음성인식**이 있다. 화자 인식이라고도 하는 이 방식은 다른 인식 방법들이 사용하고 있는 장치에 비해서 마이크라는 비교적 저렴한 정보 취득 장비를 가지고 있다. 특히 이 마이크는 일반 PC나 핸드폰, PDA 등에 기본적으로 적용되어 있어 취득 장비에 소요되는 비용이나 장비 사용을 위해 필요한 교육비가 거의 없다는 것이 가장 큰 장점이다. 전화나 인터넷망을 이용해 원격 사용이 가능하며, 텔레뱅킹과 같은 다른 생체인식이 적용되기 어려운 분야에서 사용할 수 있다는 점에서 효과적이다.

음성인식 시스템의 과정은 전처리부와 인식부로 나누어지게 되는데 전처리부에서 발성된 음성으로부터 인식 대상 구간을 찾아 잡음을 제거하고 독자적인 특징들을 추출해낸 후에 인식부에서 그 입력된 음성 정보를 데이터베이스와 비교해 가장 근접한 인식결과를 출력한다. 이 기술은 사람이 단어·문법 등을 머릿속에 정형화하고 새롭게 학습된 음성들을 비교하고 알아내는 인지과정을 차용한 것이라고 할 수 있다.

 음성에 의한 인식 기술과 관련하여 기억하여야 할 가장 중요한 점은 말 그 자체가 아니라 말을 할 때의 음성학적 특성들에 초점을 맞춘다는 것이다. 이러한 음성학적 특성들은 억양에 영향을 받는 것이 아니라 음성 경로, 비강과 구강의 모양 등에 의존하므로 성대모사와 같은 방법으로 모방할 수 없다.

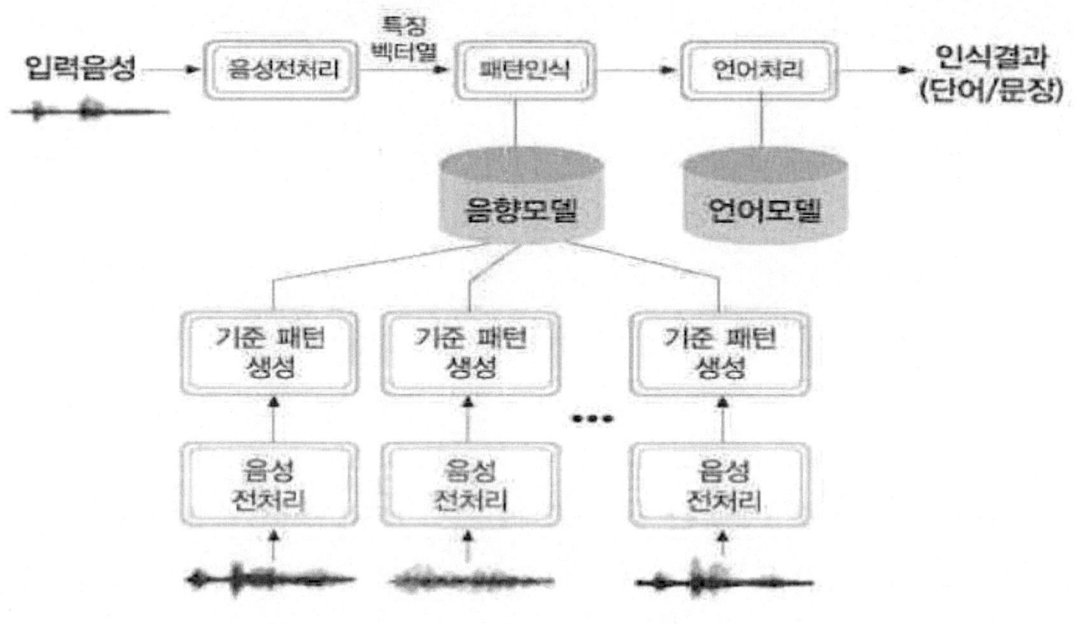

그림 7 음성분석의 과정
자료 : 경북테크노파크, 2019

 음성 인식 시스템 역시 두 가지로 나누어진다. 접근 통제에 이용 가능한 독립적인 형태와, 전화망에서 인증 가능한 시스템이다. 전화망과 같은 원격 통신을 이용할 때, 중앙 컴퓨터의 인증 시스템 데이터베이스에 등록되면 이용자들은 일상적인 전화를 통해 접근 권한을 얻게 된다.

이 기술을 응용한 것이 음성을 이용한 금융계에서 계좌주의 음성을 사용하는 원격 뱅킹 프로그램이다. 이러한 시스템은 간단한 전화를 통하여 신원이 확인될 뿐만 아니라, 저렴한 가격의 시스템, 교육이 필요하지 않다는 장점이 있다. 그러나 음성이 전달되는 라인이 일반 공중 전화망이기 때문에 전달되어 컴퓨터에 접수된 샘플이 잡음으로 인해 손상의 위험이 있다는 것이다. 또한, 등록과 이용 시 다른 전화를 사용할 경우 음성의 변조 위험이 있다는 것, 사용자의 목소리가 이용되는 환경에서 소음이 발생할 경우를 고려해야 한다.

이러한 음성 인식은 미국의 Bellcore, AT&T, 스피커 키 상품을 개발한 ITT, TI나 프랑스의 France Telecom과 같이 다양한 기관 및 회사에서 지속적으로 연구를 진행하고 있다.

(2) 서명 인식

계약을 체결하거나 증빙을 위해 이용되기 시작한 서명 역시 생체인식의 한 방법으로 대두되고 있다. 서명 인식의 기술은 작성되어 있는 서명을 인식하는 정적인 방법도 존재하지만, 보안 측면에 있어서 서명하는 과정을 파악하는 동적인 방법의 우수성이 인정받고 있다.

동적 서명인식의 경우에는 디지털화된 특정한 패널이 주어지고 그 위에 인식 이용자가 서명을 하면, 획수, 서명을 하는 속도나 펜이 눌리는 압력 등을 분석하게 된다. 그리고 그 분석 결과를 바탕으로 이용자를 식별해내는 것이다. 이는 단순히 샘플과 원본 데이터 서명의 모양 비교가 아닌 서명이 이루어지는 방식을 비교한다는 것에서 의미가 있다. 다른 사람이 서명의 모양을 모방하기는 쉽지만, 서명이 이루어지는 방식에 대한 정보를 위조하기는 어렵다는 점을 이용한 것이다.

또한 동적 서명 인증에서는 서명을 할 때 펜을 잡고 있으면 손의 압력이나 움직임을 측정할 수 있는 Active pen 방법이나 태블릿에 펜이 직접적으로 접촉했을 시에만 정보 수집이 가능한 Sensitive tablet의 두 가지 방법 사용이 가능하다. 수집된 정보에는 획수, 속도, 서명의 시간, 서명 시 펜이 몇 번이나 종이와 분리되었는지. 와 같은 상세 항목들이 포함된다. 이 때문에 원본 데이터는 약 50byte 이내로 저장된다.

이와 같은 서명에 의한 인증 분야에서는 IBM, NCR, VISA 등 대기업들이 수많은 특허를 가지고 있으며 제품으로는 미국 Cadix 사의"Cyber-SIGN", 독일 Micromedia 사의"SmartPen", 미국 Quintet 사의 "SignCrypt"등이 있다.[3]

(3) 걸음걸이 인식

개인의 걸음걸이의 특징을 분석해 인식하는 걸음걸이 인식은 우리나라는 아직 초보 단계에 머물러 있지만, 이 역시 세계적으로 연구가 진척되고 있는 추세이다. 지능형 영상감시나 출입통제 시스템 등 다양한 분야의 활용이 예상되고 있다.

비접촉 방식일 뿐만 아니라, 하체만을 활용하고, 사생활이 보호되며 이용자들이 모르게 인증할 수 있다는 것이 장점이며 다른 생체인식 기술과 비교했을 때 장거리에서 등록이나 인증이 가능하며 한꺼번에 많은 이용자를 인증해야 할 때에 시간이 단축될 수 있다는 장점이 있다.

그러나 인증 이용자가 입고 있는 옷이나, 신발, 바닥재의 표면과 같이 외부적·환경적 요인을 많이 받고 소형화시키기 어렵다는 단점도 존재한다.

---

3) 생체인식 기술현황 및 전망, 문기영, 2005

III. 생체인식 기술 현황

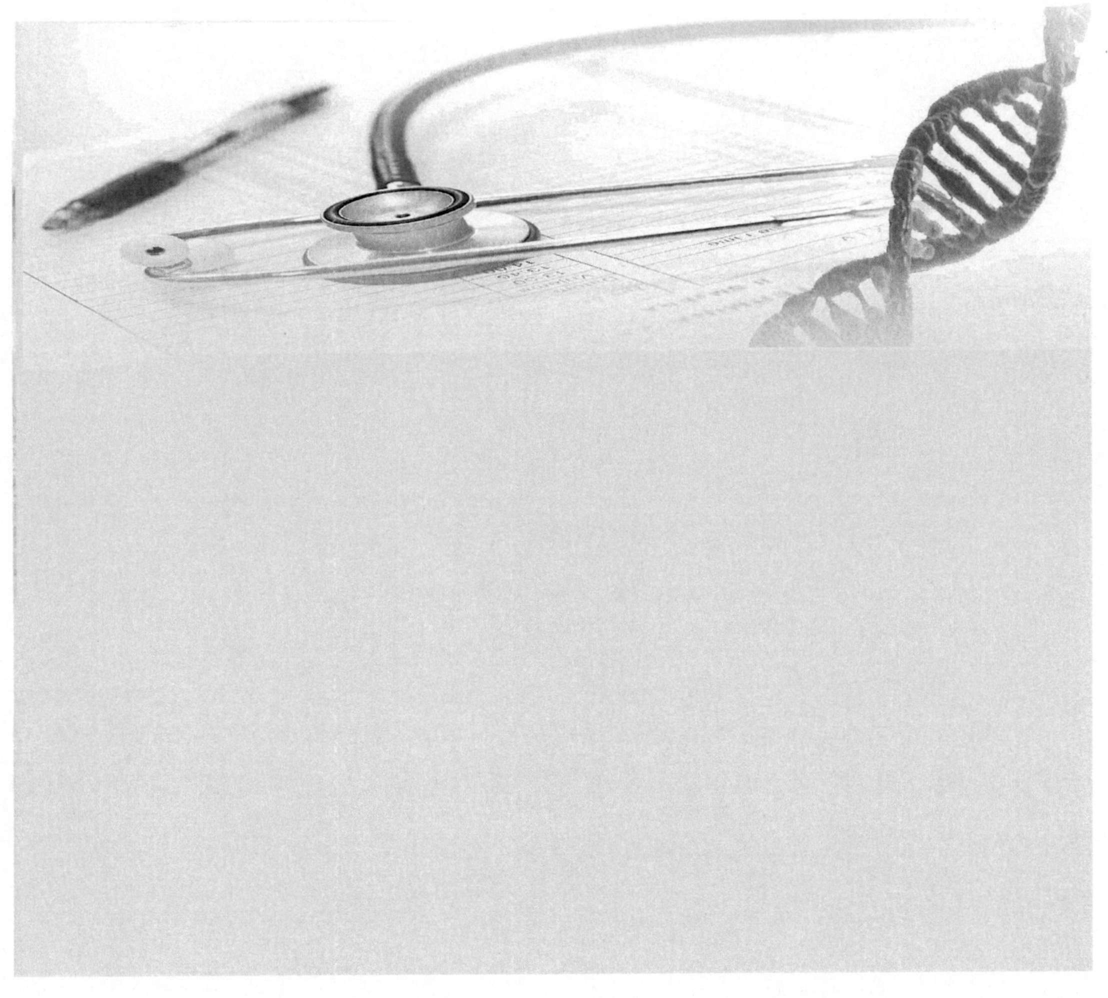

III. 생체인식 기술 현황

1. 생체인식 기술 표준

최근 모바일 결제 시장의 급성장에 따라 구글, 페이팔, 마스터카드, 비자카드 등 다수의 다국적 기업이 **바이오인식 협의체인 FIDO(Fast IDentity Online)연합과 Natural Security연합**을 통해 지급 결제 서비스에 사용되는 바이오 인식 기술의 표준 규격을 발표했다.

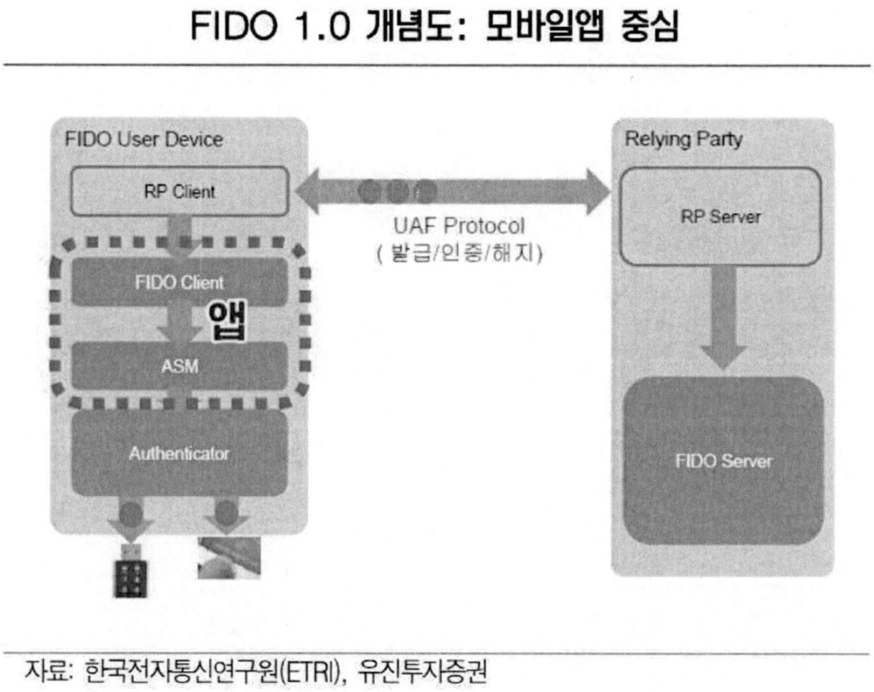

그림 9 FIDO 1.0 개념도 : 모바일앱 중심
자료 : 차세대 인증 FIDO와 생체인식, 유진투자증권, 2016

FIDO연합은 온라인 환경에서 바이오 인식기술을 활용한 인증방식에 대한 기술표준을 정하기 위해 2012년 7월에 설립되었으며, 2015년 2월 160여 개 이상의 기업이 가입한 글로벌 생체보안 인증 컨소시엄, 생체인증 관련 사실 상의 국제표준 단체로 활동했다.

페이팔, 알리바바 등이 주축이 된 FIDO 연합이 글로버 생체인증 규격과 표준화를 주도하고 있으며, 페이팔, 알리바바, ARM, 구글, 레노버, 마이크로소프트, Bank of America, Master Card 등 글로벌 금융·통신·인터넷·인증·컴퓨터, 보안 관련 기업들이 참여했다. 국내 기업으로는 삼성전자, LG전자, SK텔레콤, 삼성SDS, 크루셜텍, 한국정보인증 등의 기업과 ETRI가 참여했다.

FIDO Alliance는 2014년 12월 FIDO 1.0 인증표준을 공식 발표했다. 인증표준은 UAF(Universal Authentication Framework)와 U2F(Universal Second Factor)로 구성되어있는데, UAF는 비(非)비밀번호 인증 표준으로 비밀번호 없이 지문 등의 생체인식이나 핀(PIN)으로 인증하는 방법이다. U2F는 UAF 방식으로 1차 인증한 뒤 별도로 인증이 가능한 USB 단말기로 2차 인증을 받는 형태이다.

국내에서는 한국인터넷진흥원을 주축으로 바이오인식 기술 개발 및 표준화를 추진하고 있다. ICT 융합 서비스 사업자·통신사업자·바이오인식업체 등 산업계 전문가 및 대학병원과 생체신호 인증기술 표준연구회 구성, 스마트 융합 보안 서비스를 위한 텔레바이오 인식 기술 표준 개발을 추진 중에 있다.

국내외 생체신호 개인 식별기술 분석, 모바일 생체신호센터(웨어러블 스마트기기 등) 인터페이스 국내 표준화, 뇌파·심전도 등 생체신호 개인 식별 및 보호 기술 국내외 표준화 등을 추진 중이다. 2018년까지 스마트 융합보안 서비스에서 기기인증 및 사용자 인증을 위한 텔레 바이오 인식기술을 민간에 이전할 계획이다. 한국바이오인식협회, 서울대학교병원, 세브란스병원, 서울아산병원, 슈프리마, 솔미테크, 아이리텍, 금융보안원 등 38개 기관 및 기업이 참여했다.

FIDO 기술 표준 도입 이후 국내외의 금융기관을 중심으로 FIDO의 도입이 앞

다투어 이뤄지고 있다. 국내에서는 KEB하나은행이 공인인증서 없이 계좌이체까지 가능한 '지문인증 서비스'를 시작했고, 하나SK카드도 모비페이 서비스를 시작하여, 지문인증 결제시스템을 도입했다. 미국, 일본, 캐나다 등에서도 US Bank, 왕립은행, Paypal 등이 송금, 이체 등의 서비스에 생체인식 기술을 활용하고 있다. 현재 국내외 FIDO 기술의 도입은 주로 금융권을 중심으로 이뤄지고 있지만, FIDO 기반 플랫폼 개발과 FIDO 서버구축을 통해 각종 산업 내 다양한 서비스로 산업 전반에 걸친 FIDO 기술 도입은 지속될 것이다.

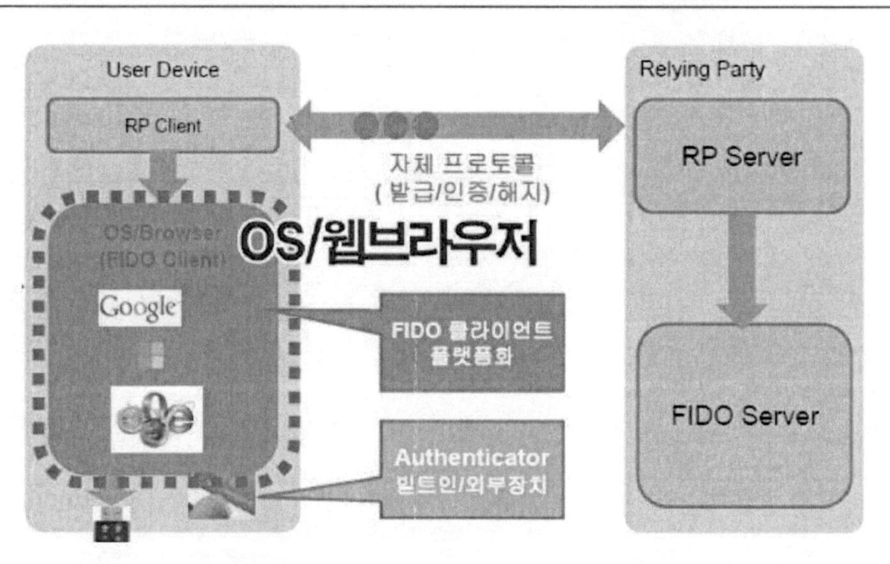

그림 10 FIDO 2.0 개념도 : 웹 브라우저로 확대
자료 : 차세대 인증 FIDO와 생체인식, 유진투자증권, 2016

현재 추진 중인 FIDO 2,0은 기존의 FIDO 1.0이 모바일 중심에 머물렀던 한계를 벗어나 웹(Web)에서도 확대되고 생체인증 요구에 대응함과 동시에 플랫폼 주도권 확보를 위한 전략으로 평가된다.4)

FIDO 2.0은 FIDO 클라이언트와 ASM을 플랫폼에서 제공하는 것을 목적으로

---

4) 차세대 인증 FIDO와 생체인식, 유진투자증권, 2016

개발되는 범용인증기술 표준 규격이다. 플랫폼은 크게 윈도우와 안드로이드를 포함하는 운영체제 플랫폼과 웹브라우저를 기반으로 하는 웹 플랫폼을 의미한다.

FIDO 서버, RP 서버와 RP 클라이언트는 서버에서 제공해야 하는 컴포넌트로 서버파트로 생각하면 더 이상 표준 프로토콜이 필요하지 않게 된다. 따라서 FIDO 2.0에서는 UAF Protocol을 사용하지 않고 서버에서 정의하는 자체 프로토콜을 사용하여 메시지를 주고받는다.

기존 FIDO 1.0에서 안드로이드 앱으로 제공되었던 FIDO 클라이언트는 운영체제에서 API로 제공될 예정이며 웹브라우저에서는 자바스크립트 API로 제공된다. 인증장치는 두 가지 종류로 구분한다. 사용자 단말기에 내장되어 있는 빌트인 인증장치와 외부에서 연결되어 동작하는 외부 인증장치로 구분된다.

빌트인 인증장치는 이미 플랫폼 회사와 사전협약을 맺고 개발되기 때문에 표준 규격이 필요 없다. USB, WiFi, NFC 또는 BLE 등을 사용하는 외부 인증장치에 대해서는 FIDO에서 별도의 규격을 개발할 계획으로 있다.

정리하면, 기존에 사용하던 UAF Protocol은 FIDO 서버업체에서 제공하는 자체프로토콜로 대체하며 FIDO 클라이언트와 ASM은 플랫폼에서 제공되어 API가 공개되면 FIDO 응용 개발시에 사용하면 된다. 또한 빌트인 인증장치 개발업체를 제외하면 외부 인증장치 프로토콜을 준용하여 개발하되 FIDO 2.0에서 변경된 전자서명 및 Attestation 포맷을 적용하여야 한다.

FIDO 2.0은 하위 호환성을 지원하지 않을 계획이었으나 현재 1.0 프로토콜을 이용하여 2.0을 지원하는 방안도 논의되고 있어 1.0과 2.0간의 호환성 문제는 당분간 추이를 지켜볼 필요가 있다.

다양한 인증장치를 편리하게 사용할 수 있는 FIDO 범용인증기술은 현재 많은
업체들이 이미 개발하여 다양한 응용에 적용하여 사용하고 있다. FIDO 1.0이
주로 모바일 환경을 고려하여 설계되었다. 반면 FIDO 2.0은 다양한 요구사항
을 수렴하여 웹 환경과 PC 환경에서도 FIDO를 사용할 수 있도록 플랫폼에서
지원하는 방향으로 설계되었다. 이를 통해 FIDO 2.0은 보다 폭넓은 응용서비
스의 인증 및 전자서명 기술로 사용될 것으로 전망된다.

FIDO 1.0이 주로 서비스 제공자들이 주축이 되어 제공되었던 기술이라면 FI
DO 2.0은 MS와 Google같은 플랫폼 업체들이 주축이 되어 기능이 제공될 예
정이어서 미래에는 지금보다 더욱더 다양한 FIDO 기반의 인증장치들이 시장
에 선보일 것으로 예상된다.

분류	FIDO 1.0	FIDO 2.0
RP 클라이언트	모바일 앱(APP)	웹 브라우저로 확장
FIDO 클라이언트	단말 제조사 제공	플랫폼 제공
서버-클라이언트 통신 프로토콜	UAF 프로토콜	서버에서 정의한 자체 프로토콜
FIDO 클라이언트 호출 방식	(안드로이드) Intent (아이폰) Custom URL Scheme	Javascript
ASM	인증자 제조사 또는 단말 제조사 제공	플랫폼 제공
인증자	단말 제조사 제공	빌트인 또는 외부 인증자
외부 인증자 연동 방식		CTAP(USB, NFC, BLE 등)

표 2 FIDO 1.0과 FIDO 2.0 비교표
자료 : FIDO 2.0 구조적 특징 소개, 금융보안원, 2017

또한FIDO 기술이 현재 주로 핀테크와 온라인 금융서비스 위주로 적용되고 있
는 상황이나, 향후에는 IoT(Internet of Things)와 O2O(Online to Offline)
등 좀 더 광범위한 분야의 인증/서명 기술로 사용될 것으로 전망된다.

　결론적으로 국내 인증시장은 당분간 공인인증 기술의 대체 인증으로 FIDO 기술을 광범위하게 사용할 것으로 예상되며 FIDO의 확산에 따라 바이오 인증 기술도 더욱 더 발전할 것으로 예상된다.

　그렇다면 **FIDO Alliance**는 구체적으로 어떠한 단체이고, 최근 생체인식 기술의 현황은 어떠한지 다음에서 다루어 보도록 하겠다.

2. FIDO Alliance

1) FIDO Alliance란?

그림 11 FIDO 얼라이언스 로고
자료 : FIDO

　FIDO(Fast IDentity Online) 얼라이언스(Alliance)는 온라인 환경에서 비밀번호를 대체하는 안정성이 있는 인증방식인 FIDO 기술표준을 정하기 위해 2012년 7월 설립된 협의회로, 생체인식 기술 등을 포함한 인터넷 인증기술의 표준 정립을 목적으로 설립된 미국의 비영리 단체다.

FIDO는 **지문이나 홍채, 음성, 안면 인식 등 생체 인식기술**과 USB 보안 토큰, NFC(Near Field Communication) 등 기본 솔루션과 통신표준을 포함한 전 범위의 인증 기술을 다루고 있다.

회원사로는 삼성전자, 블랙베리, 크루셜텍, 구글, 레노보, 마스터카드, 마이크로소프트, 페이팔, LG전자, BC카드 등 전 세계에 250여개 회사가 있고, 대한민국, 유럽, 인도, 일본, 중국에 워킹 그룹을 운영하고 있다.[5]

FIDO 표준은 인프라 내에서 상호 작용이 가능하도록 지원하며, 기업 등의 요구에 맞는 맞춤형 인증도 가능하도록 하고 있다. 특히 삼성전자는 페이팔과 제휴해 지문인식을 이용한 생체인식 결제인증시스템을 도입해 처음으로 'FIDO 레디(FIDO Ready)'상용화에 성공한 바 있다. 전 세계 150여 업체가 참여한 FIDO 연합은 2014년 12월 9일 국제 인증기술 표준인 FIDO 1.0을 공개했다.[6]

2) 생체인식 시험인증 프로그램 출시

그동안 생체인식 기술을 통한 온라인 사용자 확인은 비밀번호와 핀 넘버를 대체하는 보편적인 방법으로 발전되어왔다. 하지만 이러한 솔루션들은 성능 관련 정확성과 안정성 차이를 검증할만한 시험인증 프로그램이 필요했다.

따라서 이러한 격차를 해소하기 위해 FIDO Alliance가 산업계 최초 **생체인식 부품 시험인증 프로그램(Biometric Component Certification Program)**을 발표했다.

이 프로그램은 전 세계적으로 공인된 독립 연구소를 통하여 생체인식 하위구성 요소가 생체인식 성능 및 위조지문 공격 탐지기술(PAD: Presentation

---

5) FIDO 얼라이언스, 위키백과
6) FIDO 연합 [Fast IDentity Online alliance], ICT시사상식

Attack Detection)에 대해 글로벌 레벨 표준 성능을 충족하며 상업적 용도로 적합하다는 것을 테스트하여 인증한다.

또한 FIDO 얼라이언스는 새롭게 소개하는 생체인식 부품 시험인증 프로그램을 통해 생체인식 시스템 공급자 및 사용자에게 여러 가지 혜택을 제공하고자 했다.

지금까지 이러한 테스트 프로그램은 상당한 규모의 기술 검토를 수행할 수 있는 능력과 시설을 보유한 기업들만이 수행할 수 있었으며, 이를 위해서는 생체인식 센서나 솔루션 공급자들이 각각의 고객에게 개별적으로 증명하는 업무와 프로세스를 반복해야만 했다.

고객사의 요구 사항을 완벽하게 충족시키기 위해 공급 업체는 FIDO 얼라이언스 인증기 시험인증 프로그램을 통해 생체 인증기가 FIDO 사양을 준수하고 시장의 다른 제품들과 상호 운영되며 생체인식 성능 외에도 특정 보안 요구 사항을 충족하는지 검증할 수 있으며, 생체인식 부품 시험인증 프로그램은 모든 생체 인증 하위 구성요소를 대상으로 한다. 시험과정을 통과한 공급 업체는 FIDO Alliance 및 공인 연구소가 정의 내리고 관리하는 테스트를 통과했음을 증명하는 인증서를 발급받는다.

FIDO 인증기 시험인증 프로그램을 성공적으로 통과한 기업만이 FIDO 또는 FIDO 인증 로고를 사용할 수 있으며, 생체인식 센서가 통합된 인증기의 경우 생체인식 부품 시험인증이 최고 수준의 FIDO 보안 레벨을 증명하기 위하여 필요하지만 낮은 수준의 보증을 위해서는 선택 사항으로 남을 수 있다.

국내의 경우, 최초로 정보통신기술협회(TTA)가 FIDO 얼라이언스 공인 시험소로 지정되었다.[7]

3) 상호운용성 테스트 한국에서 진행

FIDO 상호운용성 테스트가 미국을 벗어나 아시아 지역에서는 한국에서 처음으로 시행되었다는 소식이 전해졌다. FIDO 상호운용성 테스트는, FIDO Alliance의 기술 스펙에 부합하여 테스트 이벤트에 참여한 다양한 업체들의 서버, 클라이언트, 인증장치가 안정적으로 호환되는지를 시험 인증하는 절차를 말한다.

특히 이번 상호운용성 테스트 이벤트는 과거 대기업이나 공공기관이 단일 호스트로 지원하던 관례를 벗어나 FIDO Alliance 한국워킹그룹에 참여하고 있는 유비코, 이니텍, 이더블류비엠, 옥타코 등 4개 회원사가 공동으로 호스트하고 있어서 더 큰 의미가 있었다. 더불어, 2018년 초부터 본격적인 활동을 시작한 한국 워킹그룹의 순조로운 업무 진행과 다양한 산업계 이해 관계자들의 적극적인 참여를 보여주는 대표적인 사례가 되었다.[8]

이와 같은 FIDO 얼라이언스 상호운용성 테스트 이벤트는 2018년 11월 12일부터 15일까지 나흘간 진행되었으며, 나만의 암호화된 지문과 홍채, 목소리 등 개인 고유의 생체정보가 외부로 유출되지 않으면서도 모바일과 PC, 웹 등 모든 사용 환경에서 손쉽게 사용할 수 있는 FIDO2를 비롯해 FIDO v1.0이라 불렸던 비밀번호가 필요 없는 프로토콜과 두 번째 요소 프로토콜(Universal Second Factor-U2F)에 대한 테스트가 진행된 것으로 전해졌다.[9]

4) 한국전자인증의 크로스써트파이도

한국전자인증은 공인인증서 서비스, 글로벌 인증 서비스, 보안서버 인증서비

---

7) FIDO 얼라이언스, 생체인식 시험인증 프로그램 출시, HelloT 첨단뉴스, 2018
8) FIDO 얼라이언스, 상호운용성 테스트 11월 한국에서 진행, CCTVnews, 2018
9) FIDO 얼라이언스 상호운용성 테스트, 나흘간 열전 돌입, 보안뉴스, 2018

스, 인증서비스 아웃소싱 및 인증솔루션 등을 주요 사업으로 영위하고 있는 기업이다.

최근 한국전자인증의 파이도(FIDO)기반 생체인증 솔루션 **'크로스써트파이도(CrossCertFIDO)'**가 구글, VISA 카드와 함께 FIDO Alliance 우수사례로 선정되었다는 소식이 전해졌다.

한국전자인증의 크로스써트파이도는 지문, 얼굴, 목소리, 필기서명 등 생체인증수단으로 사용자 인증을 처리하는 FIDO기반 인증서비스 지원 솔루션을 말한다. 이와 같은 크로스써트파이도 시스템은 국내 금융서비스 공인인증서 패스워드 입력절차에 활용되고 있으며, 생체인증을 접목하여 간편한 전자서명 이용환경을 제공하고 있다.

한편, 한국전자인증은 KB국민은행 모바일뱅킹 서비스 환경에 크로스써트파이도 솔루션이 도입된 사례를 소개했다. 이 사례는 모바일뱅킹 앱에 크로스써트파이도의 FIDO 클라이언트를 탑재하고, 한국전자인증 데이터센터에서 운영되는 FIDO 인증 서버를 통해 FIDO기반 사용자등록 및 로그인을 처리한다. 계좌이체, 대출거래 등 은행거래에 필요한 공인인증서 전자서명 과정도 패스워드 입력이 없는 생체인증 간편 전자서명이다.[10]

한국전자인증의 FIDO 인증서비스는 2019년 1월말 기준 누적 3억2000만 건을 넘어섰고, 월 이용건수는 1700만 건을 기록 중이다. 이번 우수사례 선정으로 인하여 한국전자인증의 생체인증 기술력은 해외에서도 인정받는 계기가 되었으며, 향후 크로스써트파이도 시스템이 국내를 넘어 세계시장까지 확대될 것이라는 전망이 나오고 있다.[11]

---

10) 한국전자인증 생체인증, FIDO얼라이언스 주요사례 선정, ZDnet Korea, 2019
11) 생체인식시장 성장 수혜 1위는 한국전자인증. 왜?, 한국경제, 2019

5) 삼성 갤럭시, S10·S10+, FIDO 생체인증 획득

2019년 2월, FIDO Alliance가 삼성 스마트폰 갤럭시 S10과 S10+가 **생체인식 부품 시험인증 프로그램을 통과**했다고 밝혔다. 이로써 삼성전자는 갤럭시 제품의 인디스플레이(In-Display) 초음파 지문인식 시스템이 사용자 확인과 생체정보 도용 위험을 낮출 수 있다는 것을 인정받게 되었다.

이에 대하여 FIDO 얼라이언스 관계자는 그동안 생체인식 부품의 성능과 안정성을 평가하기 위해 표준화된 수단이 필요했는데, 모바일 기기가 민감한 정보를 저장하고 중요한 거래를 수행하는 현대시대의 주요 수단이 되면서 생체인식 부품 시험인증 프로그램을 제공하게 되었다고 언급했다. 또한, 삼성 갤럭시 스마트폰 시리즈 신제품이 이러한 생체인식 부품 시험인증을 획득함으로 인해, 글로벌 생체인증 기기로 자리매김하는 동시에, 생체인식 시험인증 프로그램의 기준점과 그 중요성을 입증하는 계기가 되었다고 덧붙였다.

FIDO 얼라이언스는 일반 전자제품 시장에 생체인식 센서와 같은 부품과 관련 시스템을 시험 인증하는 프로그램이 존재하지 않는 틈을 메우기 위해 생체인식 부품 시험인증 프로그램을 개발했다.

이전에는 생체인증 솔루션을 제공하는 공급업체는 각각의 고객을 대상으로 개별 성능 테스트와 인증을 반복했지만, 특정 생체인증 솔루션이 주장하는 성능과 정확성의 차이를 검증하는 산업계 시험인증 프로그램을 제공함으로써 공급자에게는 상당한 시간과 비용을 절감할 수 있도록 돕고, 수요자는 지문, 홍채, 안면 또는 음성 기반 생체인증 시스템을 신뢰하는 표준화된 방법을 제공받게 된 것이다.

이 프로그램은 전 세계적으로 공인된 독립 연구소를 통하여 실시되며 생체인증 하위구성 요소가 국제표준화기구(ISO)와 국제전기기술위원회(IEC) 등이 요구하는 생체인식 성능 및 위조지문 공격 탐지(PAD) 표준기술 레벨을 충족한다

는 것을 증명한다.[12]

6) 구글 안드로이드, FIDO2 인증 획득

전 세계 수십억개 디바이스에서 활용되는 구글 안드로이드가 FIDO2 인증을 획득해 편리하고 강력한 온라인 인증 환경을 제공하게 되었다.

FIDO 온라인 인증을 바로 사용하기 위해서는, 안드로이드 최신 버전이 사전 설치된 디바이스를 구매하거나, 구글 플레이 서비스 업그레이드를 통해서 버전 7.0 이상을 설치하면 된다. 사용자는 자신의 디바이스에 내장된 생체인증 센서 또는 FIDO 시큐리티 키를 활용해 FIDO2 프로토콜을 지원하는 웹사이트 및 모바일 앱에 패스워드 없이 로그인 가능하다.

구글 제품 관리자는 구글은 FIDO 얼라이언스, W3C(월드와이드웹)와 오랫동안 협력해 온라인 피싱 공격으로부터 사용자들을 보호함과 동시에 모든 애플리케이션에 패스워드 필요 없이 로그인하는 기능을 제공하는 FIDO2 프로토콜 표준화 작업을 진행해 왔다며, 이번 안드로이드 FIDO2 인증 획득 발표는 파트너와 개발자들이 사용자를 위한 편리한 생체인식 컨트롤을 구축하기 위해 이미 시장에 나와 있거나 곧 출시를 앞두고 있는 모든 디바이스 보안 키 스토어에 액세스하는 표준화된 방법 제공 계획을 훨씬 앞당기게 된 것이라고 덧붙였다.

구글 사용자는 지문 인식 장치, 카메라 또는 FIDO 시큐리티 키와 같은 FIDO2 호환 장치를 사용해 온라인 서비스를 보다 쉽고 안전하게 로그인할 수 있으며, FIDO2는 W3C(월드와이드웹)의 웹 인증 규격과 해당 CTAP(Client to Authenticator Protocol)로 구성되어 있고, 구글 크롬, 마이크로소프트 에지, 모질라 파이어폭스, 애플 사파리 프리뷰 등 웹 브라우저에서 이미 지원되고 있

---

12) 삼성 갤럭시 S10·S10+, FIDO 생체인증 획득, DATA NET

다.[13)]

3. 국내외 생체인식 기술 특허 추이[14)]

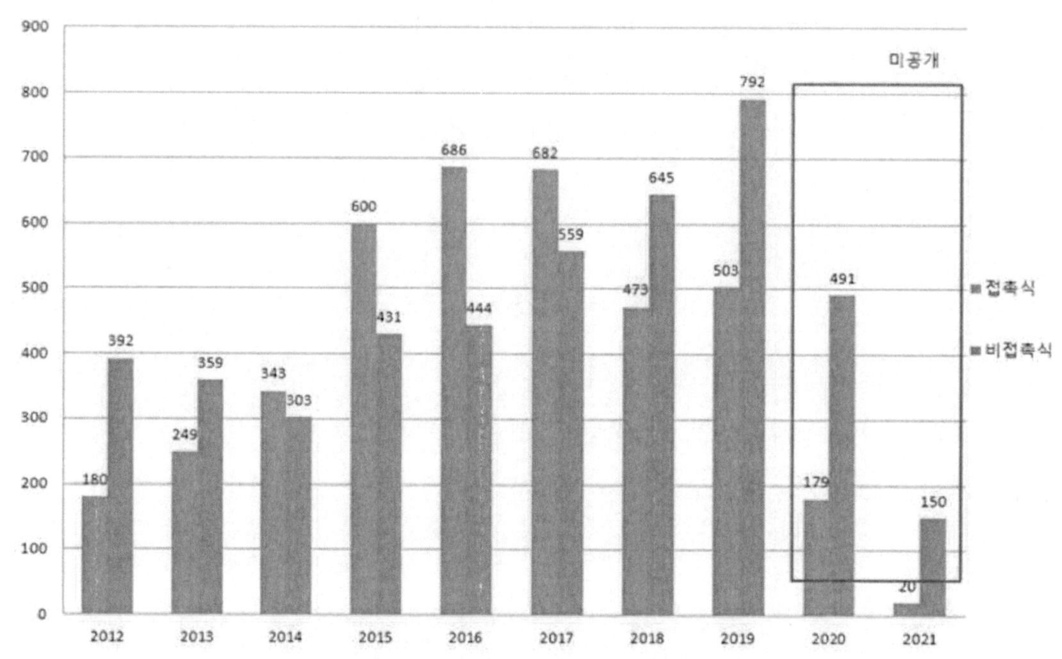

그림 12 국내 생체인식 특허출원 건수('21~'21)
자료 : 한국경제, 2021

 특허청에 따르면, 국내 비접촉 생체인식 관련 특허출원 건수가 2015년 431건
에서 2019년 792건으로 83.7% 증가했다. 반면, 접촉식 생체인식 관련 특허출
원은 2015년 600건에서 2019년 503건으로 16.2% 감소했다. 접촉식과 비접촉
식 기술을 모두 포함하면 2015년 1천31건에서 2019년 1천295건으로 25.6%
늘었다. 위드 코로나 시대를 맞아 비접촉식 생체인식 산업의 지속적인 성장이
예상된다.[15)]

 전 세계 PCT 국제출원 공개건수는 **2013년 180건에서 연평균 23.7%의 증가
율을 보이며, 2017년 421건으로 크게 증가**한 것으로 나타났다. 또한, 전 세계

---

13) 구글 안드로이드, 'FIDO2' 인증 획득, IT DAILY
14) 편리하고 정확한 생체인식, 글로벌 특허경쟁 치열, 특허청
15) 얼굴·홍채·음성 등 이용 비접촉 생체인식 특허출원 급증, 연합뉴스, 2021

생체인식시장은 **2016년 32.4억 달러에서 연평균 20.8%로 성장해 2023년에는 122.2억 달러**에 이를 것으로 전망되고 있다.

출원인명	출원공개건수	비율
삼성	44건	3.2%
인텔	39건	2.8%
퀄컴	38건	2.7%
마이크로소프트	27건	1.9%
히타찌	26건	1.9%
후지쯔	23건	1.7%
애플	22건	1.6%
마스터카드	22건	1.6%
모포	18건	1.3%
엘지	15건	1.1%
기타	1,114건	80.2%
합계	1,388건	100%

생체인식 기술 특허출원 기업 현황을 살펴보면, **삼성(44건)이 가장 많이 출원**했고, 뒤를 이어 인텔(39건), 퀄컴(38건), MS(27건), 히타찌(26건), 후지쯔(23건), 애플(22건), 마스터카드(22건), 모포(18건), 엘지(15건) 순이다.

전반적으로 **스마트폰 관련 기업**들이 생체인식 기술 특허출원에 강세를 보였으며, 금융기업인 마스터카드와 아이데미아(IDEMIA)로 개명한 프랑스 생체인식 전문기업 모포도 다출원 기업에 올랐다.

출원인 국적	출원공개건수	비율
미국	719건	51.8%
일본	165건	11.9%

한국	118건	8.5%
중국	87건	6.3%
기타	299건	21.5%
합계	1,388건	100%

출원인의 국적을 살펴보면, **미국이 719건(51.8%)으로 압도적 우위**를 점했고, 그 뒤를 이어 일본 165건(11.9%), 한국 118건(8.5%), 중국 87건(6.3%) 순이었다.

기술 유형	지문 인식	홍채 인식	얼굴 인식	정맥 인식	음성 인식	기타	합계
출원 공개 건수	394건	315건	255건	144건	116건	164건	1,388건
비율	28.4%	22.7%	18.3%	10.4%	8.4%	11.8%	100%

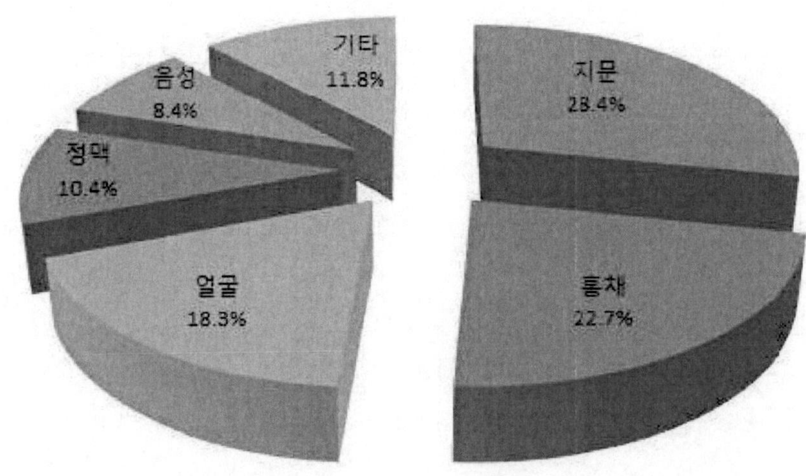

생체정보별로 살펴보면, **지문이 394건(28.4%)으로 가장 많았고**, 이어서 홍채 315건(22.7%), 얼굴 255건(18.3%), 정맥 144건(10.4%), 음성 116건(8.4%) 순이었다.

활용분야	출원공개건수	비율
모바일/웨어러블	318건	22.9%
헬스케어(의료)	244건	17.6%
지불결제(금융)	192건	13.8%
출입통제	162건	11.7%
기타	472건	34.0%
합계	1,388건	100%

 생체인식기술의 활용 분야를 보면, **모바일·웨어러블 분야가 318건(22.9%)**으로 가장 많았고, 이어서 헬스케어 244건(17.6%), 지불결제 192건(13.8%), 출입통제 162건(11.7%) 순이었다. 그 외에 스마트 홈, 스마트 카 등 사물인터넷(IoT)에 기반 한 산업분야에서도 생체 인식기술이 적극 활용되고 있는 것으로 나타났다.

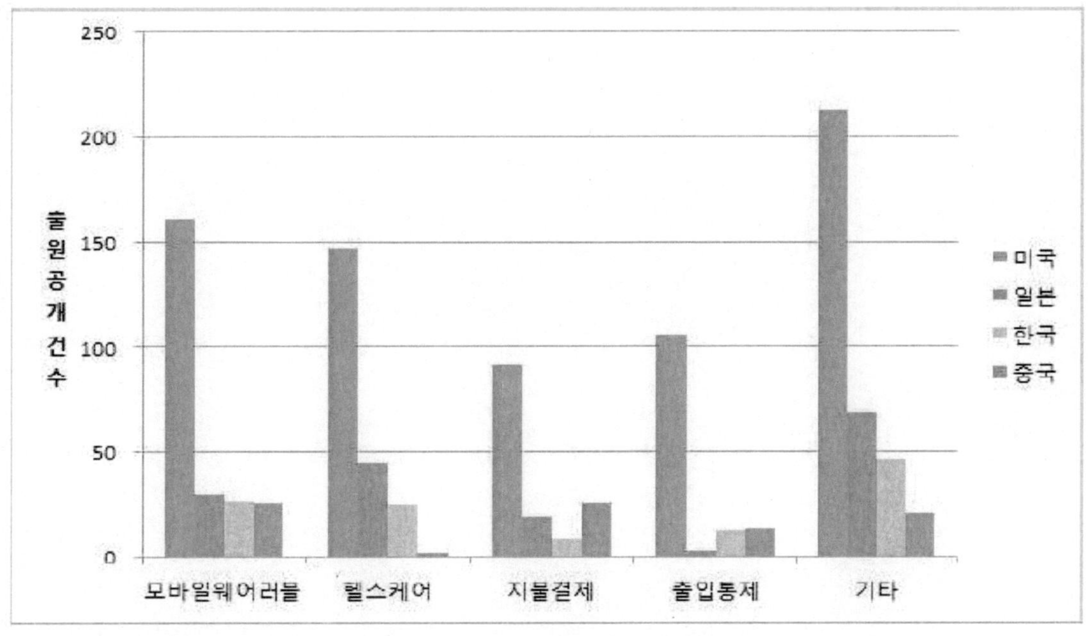

 초고령화 사회에 진입한 일본은 헬스케어 분야에서, 알리페이 등 간편 결제가 대중화된 중국은 지불결제 분야에서 상대적으로 강세를 보였다. 우리나라는 전

분야에서 고르게 출원되고 있으나, 지불결제 분야의 출원이 중국과 일본에 비해 낮아, 이 분야에 대한 기술개발 및 특허출원이 시급한 것으로 나타났다.

IV. 생체인식 시장 동향

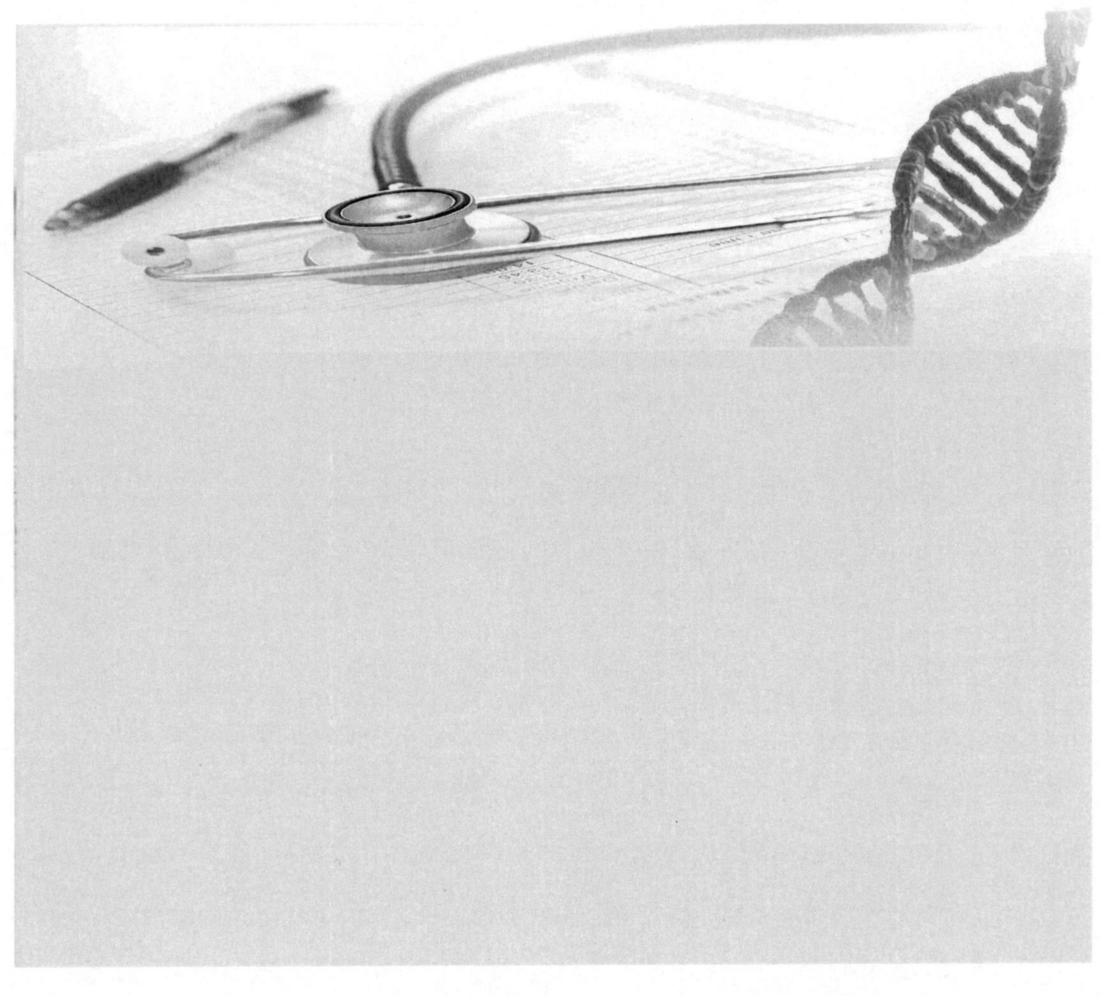

IV. 생체인식 시장 동향

1. 생체인식 국내외 시장 현황 및 전망

1) 세계 생체인식 시장 현황

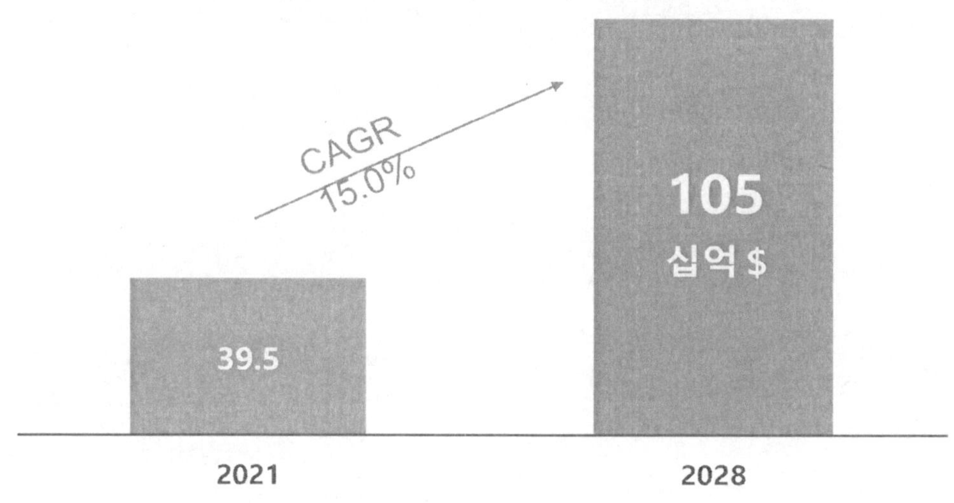

그림 16 글로벌 생체인식 시장
자료 : 정보통신산업진흥원(글로벌ICT포털), 2021

기술이 비약적으로 발전하며, 핀테크나 헬스케어와 같은 IoT 기반 서비스가 확산됨에 따라 생체인식 시장 역시 자연스럽게 활성화될 것이라 기대되고 있다.

미국의 정보 기술 연구 및 자문 회사인 Gartner도 이러한 생체인식 시장의 확대를 전망하며, 2019년 선진시장 전체가구 중 약 10%가 최소한 5개의 생체인식 기술을 활용한 기기를 보유하고 사용할 것이라 예상했다. 뿐만 아니라 2016년도에서 2017년도까지 생체인증 기술을 스마트폰 기술 성능 Top 10 가운데 하나로 선정될 정도로 스마트 기기의 차별화 요소로 생체인증 기술이 성장하고 있음을 알 수 있다.

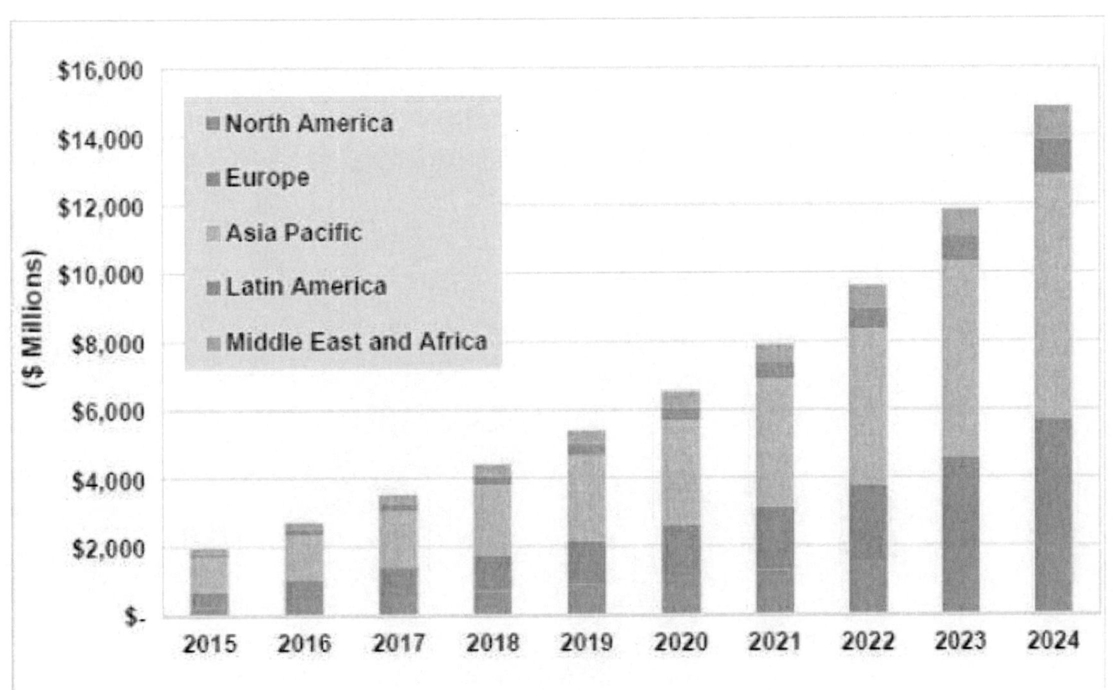

그림 14 글로벌 생체인증 시장 규모
자료 : 전자신문, 2016

글로벌 시장조사기관인 트랙티카의 전망 보고에 따르면 이러한 생체인식 시장의 매출 규모는 2015년 20억 달러를 시작으로 **연평균 25.3%의 성장률**을 보여주고 있다. 9년 후인 **2024년에는 149억 달러까지 이를 것이라 전망**되고 있다.

이 가운데 자동과 비자동을 포함한 **지문인식이 66%**로 가장 높은 시장 점유율을 보여주고 있으며, 얼굴인식이 12%, 홍채인식과 정맥인식이 각각 7%와 2%의 비율을 보이고 있다. 이전부터 사용되어진 지문인식과 얼굴인식, 홍채인식이 전체의 85% 비율을 차지하고 있는데 새로운 생체인식 기술의 발생과 더불어 기존 생체인식 기술의 발전 가능성을 시사하고 있다.

2) 국내 생체인식 시장 현황

국내 생체인식 시장 역시 높은 성장률로 지속적인 시장 확대 추이를 보이고 있다. 특히 액티브X 폐지가 신정부의 주요 공약으로 내세워지며, 이미 공공

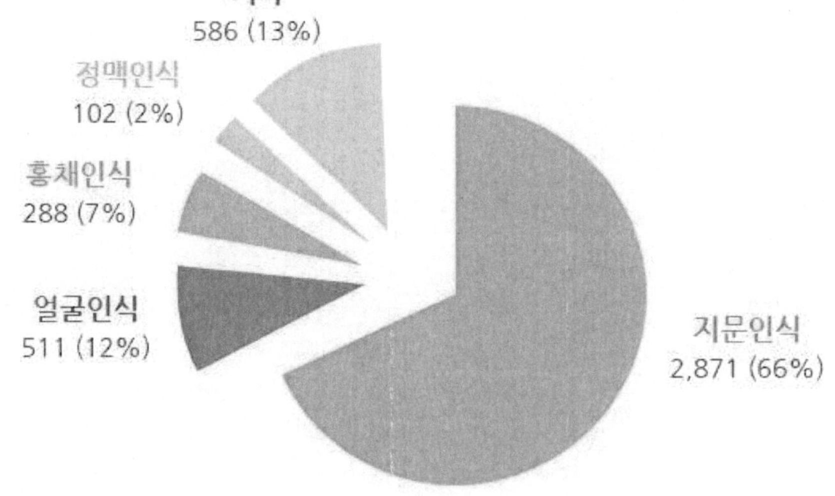

그림 15 생체 대상별 국외 생체인식 시장 규모
자료 : 한국과학기술정보연구원, 2017

사이트에서 제거되고 있는 양상이다. 이미 2015년 3월 18일 전자금융거래 시 공인인증서 사용의무가 폐지되고, 당해 12월에는 비대면 실명확인 방식이 허용되었기 때문에 금융권에서의 효율적인 보안 수단 대안책으로 생체인식 채택 가능성이 높아짐에 따라 앞으로도 성장이 계속될 것이라 예측되어진다.

국내 생체인식 시장 가운데서도 가장 큰 성장이 기대되는 기술은 **얼굴인식과 홍채인식**이다. 특히 홍채인식 같은 경우에는 2013년도까지만 하더라도 전체 시장의 0.7%에 해당하는 10억원의 매출을 기록했지만, 망막인식과의 비교했을 때 거부감 없는 인증 방식과 지문인식에 비해 높은 보안률로 연평균 94.7%의 성장세가 예상되고 있다. 얼굴인식 역시 연평균 11.1% 성장할 것으로 예상되며 2020년에는 1,514정도로 규모가 평가되어 더 높은 성장이 예측되고 있다.

그림 16 국내 생체인식 시장

자료: 한국인터넷진흥원, 2020

그림 17 국내 얼굴인식 시장 규모

자료: 한국정보보호산업협회, 2020

2. 생체인식 기술별 현황 및 전망

1) 지문 인식 산업

(1) 지문 인식 시장 전망

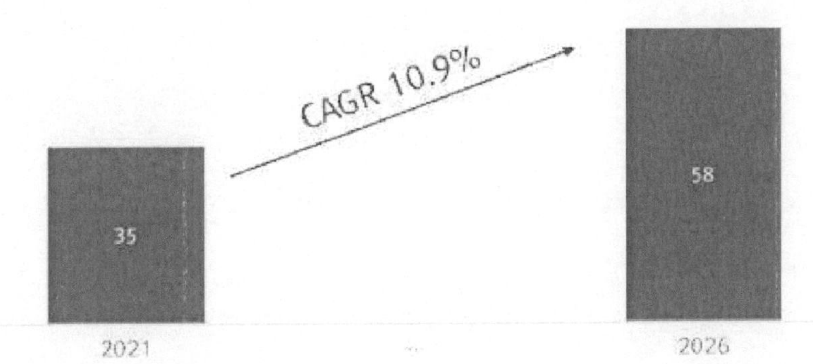

그림 18 전 세계 지문 센서 시장 규모 2021~2026 (단위 : 억 달러)
자료 : Markets and Markets

시장조사업체 IHS의 리포트는 **출시되는 스마트기기에 대부분 탑재되면서 지**

2015년 세계 지문인식 센서칩 시장 매출액 순위(자료 IHS, 단위 백만달러)		
회사	매출	점유율
핑거프린트카드	316	50.10%
시냅틱스	256	40.60%
구덕스	29.7	4.70%
사일레드	7	1.10%
이지스테크놀로지	5.3	0.80%
엘란마이크로일렉트로닉스	3.5	0.60%
포칼테크	3.5	0.60%
이미지매치디자인	1.8	0.30%
넥스트바이오메트릭스	0.8	0.10%
IDEX	0.03	0.01%
기타	7	1.10%
합계	630.6	100%

그림 19 15년도 지문인식 센서칩 시장 매출액 순위
자료 : 전자신문 etnews, 2016

문인식 센서 시장 규모가 더욱 더 성장할 것이며, 지문인식 센서시장이 중국을 포함한 아시아 전체의 스마트 기기의 판매와 동반 성장할 것이라고 예측했다.

 이처럼 지문인식 시장의 확대는 휴대용 모바일 기기에 인식 센서로 탑재된 이후라고 할 수 있다. 애플이 2012년도에 지문인식 기술업체인 어센틱을 인수한 후 2013년도에 출시한 아이폰 5S부터 터치형 지문인식 센서를 탑재했다.

이후 다음 해 삼성전자 역시 갤럭시 S5에서 스와이프 방식의 지문 인식을 구현하고 올 초에 출시한 갤럭시S8에서는 지문인식센서를 후면으로 이동시켰다.

그 뒤를 이어서 LG전자, 구글, 화웨이 역시 같은 방식을 탑재했다.

양사가 지문인식 센서를 탑재해 그 시장 규모가 늘어남에 따라 고가의 스마트폰에만 탑재되어 있던 센서가 중·저가로 확산되고 있다. 이를 통하여 지문인식 기술 성장은 현재 진행형이며, 지문인식 센서칩 시장의 확대에 주목할 필요성이 있음을 알 수 있다.

2015년도에는 세계 지문인식 센서칩 시장에 변화의 바람이 불었다. 스웨덴 핑거프린트카드(FPC)가 미국의 시냅틱스를 제치고 점유율 1위를 차지했다. 이 영향에 힘입어 FPC의 국내 협력사인 크루셜텍의 흑자전환 성공이 이루어졌다고 풀이하는 의견도 나왔다.

범용 지문인식 센서칩 시장은 애플의 자체적인 물량을 제외했을 때 6억 3060만 달러의 매출액 규모를 달성하였다. 이는 전년도와 대비했을 때 203.9%에 달하는 증가율이었다. 앞서 언급한 애플과 삼성전자 양 사의 지문인식 기술 탑재에 이어 중국의 기업들까지 지문인식 기술을 탑재함에 따라서 3배 가까이 시장규모가 확대된 것이다.

엄청나게 확대된 시장 가운데서 FPC역시 전년도 대비 10배에 가까운 878.3%의 매출액 성장률을 보였다. 이러한 순위의 변경에는 중국 고객사 확보가 크게 한 몫 했을 것이라는 평가가 있다. 중국의 간편 결제 시장이 성장함에 따라서 스마트폰 업체들의 지문인식 인증 방식의 채택이 늘어나고 있는 것이다. 때문에 FPC가 Huawei, MEIZU, ZTE, 쿨패드 등을 포함한 중화권 스마트폰 제조업체에 지문인식 센서칩 공급을 성사시킨 것이 가장 큰 성공 요인이 된 것이다. 특히 Huawai와 ZTE같은 경우에는 자사의 결제 서비스인 화웨이 페이, ZTE 페이를 이용하기 시작하며 지문인식 도입이 불가피한 선택이 되었다. 반면 시냅틱스는 주요 공급 업체인 삼성전자를 제외하고는 HTC 정도만이 당사의 지문인식 센서칩을 채택하고, 삼성전자의 중저가 모델 공급사에서 탈락하며 시장 점유율 경쟁에서 밀려나게 되었다.

구분	2020(E)	2021(E)	2022(E)	2023(E)	연평균 성장률
지문인식	202927	224843	249126	276031	10.8%

표 7 국내 바이오인식 제품 매출 및 전망 (단위: 백만 원)

국내 생체인증 시장에서의 지문인식의 전망도 밝다. 현재까지 국내 생체인증 시장에서 매출액 규모가 가장 큰 기술 역시 지문인식 시스템이다. 이 역시 시장의 성장에 따라서 연평균 10.8%가 증가할 것으로 예상되고 있다.

국내 모바일 업계에서 홍채를 이용한 인증이 아직까지 고가의 스마트폰에만 적용되어 있는데 비하여 지문인식 같은 경우 보급된 기간이 빠르기 때문에 기술을 적용 가능한 범위가 넓고, 그 비용이 상대적으로 저렴하기 때문에 중저가의 스마트폰에도 빠른 속도로 적용되고 있다. 때문에 지문인식 기술은 이미 모바일 결제에 까지 이용되고 있는 실정이다.

뿐만 아니라 지문인식 모듈의 단가 인하가 앞으로도 지문인식을 주요 생체인증 방식으로 채택하고 도입해 지문인식 시장 확대의 가능성을 더욱 높여주게 되었다. 기존의 지문인식 센서칩 시장의 대부분을 점유하고 있던 자체 생산 업체들을 포함하여 멜파스나 캔버스 바이오, 바이오로그디바이스와 같은 국내의 업체들이 개발에 성공하게 되며 더욱 저렴한 단가로 시장에 공급할 수 있게 된 것이다.

이러한 환경 속에서 지문인식은 모바일에만 국한되지 않고, 홈쇼핑, 도어록

이나 금고와 같은 보안, 금융, 의료, 자동차, 공공기관, 헬스케어, IT 등 다양
한 시장으로의 확대를 시작하고 있다.

(2) 지문 인식 기술 동향

지문인식 기술은 그 인식 방식에서 전기적 자극의 유무에 따라서 **Active 방
식과 Passive 방식**으로 나누어질 수 있다.

① Active 방식

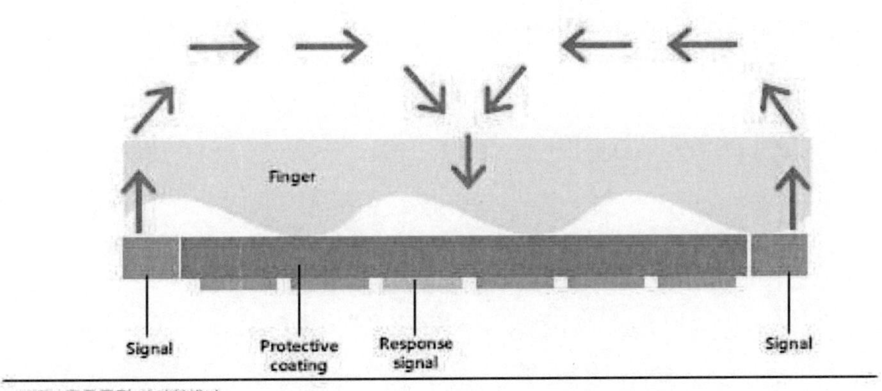

그림 20 Active 방식
자료 : 흥국증권 리서치센터

먼저, Active 방식은 센서 주변의 금속 링 등을 통하여 미세한 전류를 손가
락으로 흘려보내고, 이를 통하여 센서-손가락 사이에 생성된 전기장을 통해
지문을 인식하는 방식이다. 때문에 지문이나 센서의 표면에 이물질이 있어도
인식률이 동일해 보다 정밀한 측정이 가능하다는 것이 가장 큰 장점이다.

이 같은 방식을 도입한 대표적인 제품이 바로 **애플에서 출시한 아이폰 시리
즈**다. 애플은 2013년에 출시한 아이폰 5S 시리즈를 시작으로 2012년도에 인
수한 AuthenTec의 지문인식 센서를 이용하고 있다. 이 지문인식 센서칩 주변
을 살펴보면 금속링이 센서 주변을 감싸고 있는 형태로, 이를 통해 전류를 손

그림 21 아이폰 지문인식 센서 구조
자료 : ZDNet Korea

가락으로 흘려보내는 것이다.

 현재 시장에서 이 방식을 이용한 지문인식 센서칩을 생산하는 업체로는 IDEX, Goodix, Sliead 등이 있다. 그러나 이 업체들 역시 AuthenTec과의 특허 분쟁에서 자유롭지 못하다. 애플이 인수한 AuthenTec은 보안업계에서 많은 지문인식 관련 특허를 가지고 있다. 해당 특허에 대해서 IDEX와 같이 AuthenTec과 크로스 라이센싱 계약을 체결한 업체를 제외하고, Goodix, Silead와 같은 기업들의 칩은 해외 수출 대신 중국 내수용으로 공급될 수밖에 없는 것이다.

② Passive 방식

 이 방식은 Active 방식과 달리 전기적 자극이 없는 것이 특징이다. 지문 굴곡에 따라서 미세하게 달라지는 정전기장을 측정하는 방법이다. 웨이퍼의 처리가 Active 방식에 비해 덜 복잡하며 가격 면에서도 저렴하다는 평가를 받고 있지만 약한 신호를 보다 정확하게 측정하기 위해서는 알고리즘, 하드웨어의 보완이 필수적이며 모듈의 코팅이 두꺼울수록 센싱의 감도가 감소한다는 단점 도 존재한다.

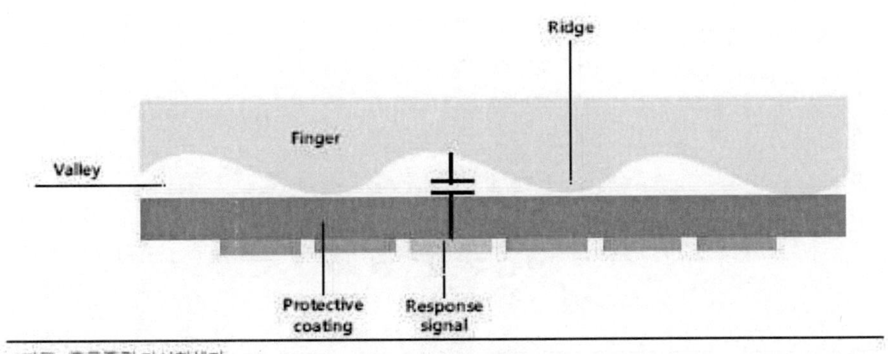

그림 22 Passive 방식
자료 : 흥국증권 리서치센터

대표적으로 시장에서는, 삼성 갤럭시 시리즈의 A/ON/J 등 중저가 모델에 사 용되고 있는 대만의 이지스 테크(Egis Technology)가 이러한 방식을 이용하 고 있다. 수년 동안 애플과의 특허 분쟁을 겪어온 삼성은 앞서 언급했듯 Active 방식을 채택할 시에 특허 분쟁에 대한 리스크를 피할 수 없기 때문에 이지스 테크의 공급을 선택한 것으로 보인다. 이 외에도 ELAN, IMD, Focal Tech 등의 업체에서도 동일한 방식의 센서칩 개발이 이루어지고 있다.

(3) 주요 국내외 기업 현황

① 핑거프린트카드(FPC)

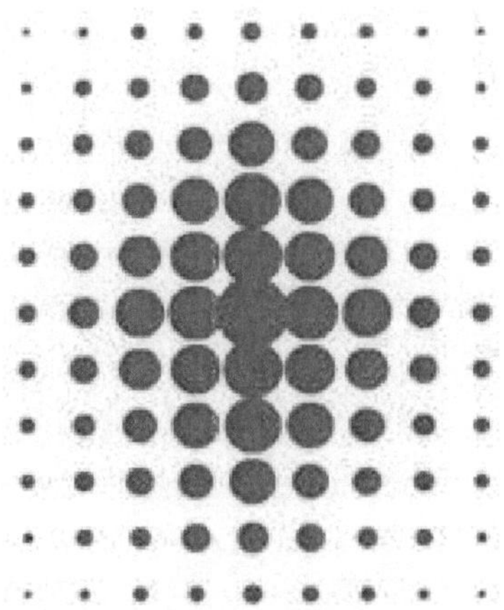

그림 23 Fingerprints card 로고
자료 : FPC 홈페이지

핑거프린트카드(FPC)는 1997년 4월 18일에 설립된 회사로 스웨덴 Gothenburg에 본사를 두고 있으며, 2015년도에는 3억1600만 달러 매출을 기록해 시냅틱스를 누르고 시장 점유율 50.1%로 1위에 자리매김한 이후 시냅틱스와 함께 지문 인식 시장의 선두를 다투는 기업으로 알려져 있다.

생체 인식 센서, 프로세서, 알고리즘 및 모듈이 모두 포함된 제품을 생산하고 있으며, 주로 스마트폰 및 태블릿 제조업체에 지문 센서를 공급하고 있다. 뿐만 아니라 생체 인식 솔루션의 사용 증가에 따라 스마트 카드, PC, 자동차 및 사물인터넷(IoT)과 같은 다양한 생체 인식 기술과 형식을 사용하고 시장 확대를 연구하며, 최근에는 생체인식 기능을 비접촉 결제 카드에 간단하게 통합할 수 있는 최적화된 솔루션을 제공할 것이라고 하였다.

주요 제품은 지문인식 센서로 1020, 1021, 1025, 1140, 1145, 1150, 1155. 총 7개의 스마트폰 터치 센서와 스마트폰, 태블릿, 노트북 범용으로 이용 가능한 Swipe Type 1080. 기업, 금융 분야 용의 1011 area 센서가 있다.

LG전자의 V10, 화웨이 아너7, 메이주 MX5, 지오니 M5와 같은 제품에도 FPC사의 제품이 탑재된 것으로 알려져 있으며 최근에는 MS사의 신형 키보드인 모던 키보드에까지 FPC 1025 센서가 적용되었다. 기존의 키보드 혹은 마우스의 지문인식 센서 같은 경우에는 돌출되거나 함몰된 부자연스러운 형태가 대부분이었다. 하지만 모던 키보드의 경우 일반 키와 똑같은 모양으로 그 밑에 센서를 숨긴 최초의 지문인식 키보드가 될 것이라는 평가를 받고 있다.

② 시냅틱스

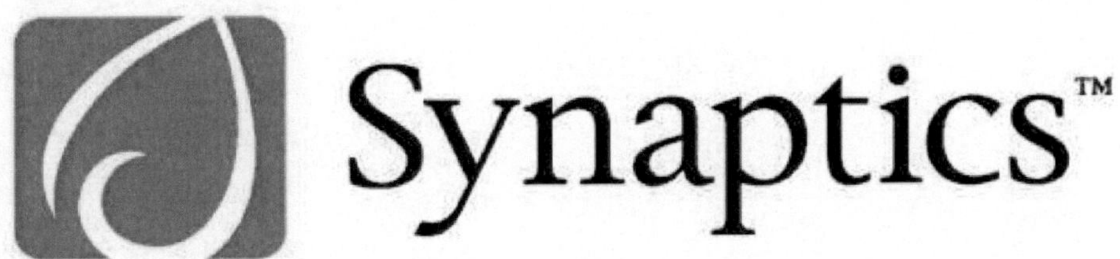

그림 24 시냅틱스 로고
자료 : ETNews

미국 캘리포니아 새너제이에 본사를 둔 생체인식 기술 분야의 글로벌 선두 기업이다. 노트북 태블릿PC 스마트폰에 쓰이는 터치 기술과 지문 인식 기술을 개발·공급한다. 삼성전자 갤럭시S5도 시냅틱스의 스와이프 방식의 지문인식 기술을 채용했다. 인텔에서 1969년 최초의 마이크로프로세서인 '4004' 모델을 개발한 페데리코 파긴 등이 1986년에 창업한 기술기업으로 연평균 매출 증가

율은 16%, 순이익 증가율은 19%에 달하며 2002년 나스닥에 상장했다.[16]

시냅틱스는 FPC와의 경쟁구도를 따라잡기 위해 지문인식 솔루션에 대한 다양한 기술을 개발·발표하고 있다. 이러한 일환으로 작년도인 2016년에는 새로운 지문인식 센서인 'Natural ID FS4304'를 공개했는데, 이 센서는 기존의 홈 버튼이나 후면의 지문인식 제공 방식과 다르게 측면의 볼륨 버튼 쪽에서 내장이 가능한 기술이다. 2017년에는 '안티 스푸핑' 즉, 진짜인 손가락과 가짜인 손가락을 구분하는 기술을 개발하는데 성공하기도 했다.

2017년 1월 3일에는 '다중 생체 퓨전 엔진' 기술을 공개했다. 얼굴인식 기술을 가진 키레몬과의 협업으로 개발해낸 이 기술은 말 그대로 모바일이나 노트북 등에서 여러 가지의 생체 인증 이용이 가능한 기술로 지문인식 센서, 얼굴인식 기술, 혹은 두 기술 모두를 상황에 따라 선택적으로 이용 가능할 수 있게 하는 방식이다.

손에 이물질이 묻어 지문인식이 곤란한 상황에서는 얼굴인식 기능만을 이용 가능하게 하거나, 반대로 지문인식 사용만을 가능하게 할 수도 있으며, 인터넷 뱅킹과 같이 보안 강화가 필요한 경우에는 얼굴과 지문을 동시에 인증하는 방법으로 보안성을 높이는 식이다.

최근에는 브로드컴의 IoT 사업부를 인수하여 스마트 디스플레이, 스마트 스피커, IP 카메라, 자동차 등에까지 사업 범위를 넓혔으며[17], 사물 인터넷 기술을 이용하여 사업을 다각화하고 있는 중이다.

16) 시냅틱스[Synaptics Inc.], 한경 경제용어사전
17) Synaptics 시냅틱스 IoT 기업으로 전환중, 세상의 다양한 주식, 2020

③ 구딕스(Goodix)

GOODiX

그림 25 구딕스 로고
자료 : LinkedIn

구딕스는 중국 심천에 본사를 두고 2002년에 설립된 회사로 모바일 및 웨어러블 장치용 생체 인식 기술의 선두 개발·제조업체로 지문인식 업계에서는 그야말로 떠오르는 기업이다. 단일 레이어, 멀티 터치 스크린 컨트롤러를 비롯한 최첨단 특허 기술을 최초 출시하고 모바일 장치에 Live Finger Detection TM 기술을 세계 최초로 도입했다.

불과 1~2년 전까지 해도 지문인식 센서 시장은 FPC와 시냅틱스가 주도했고, 중국 내는 FPC가 장악하고 있었다. 그러나 구딕스는 설립 이후로 Huawei, Xiaomi, ZTE, Meizu 등 자국 내의 스마트폰 제조 기업들에게 자사의 지문인식 센서를 공급하며 그 성장을 가속화시켜 업계 3위로 우뚝 섰다.

최근에 구딕스는 네덜란드 NXP반도체의 음성·오디오솔루션(VAS) 사업부를 인수를 하고, NXP VAS 사업 인수를 통해 IoT(사물 인터넷) 사업을 강화하여 오디오 애플리케이션을 연구하여 고객에게 좀 더 포괄적인 포트폴리오를 제공한다고 하였다.

또한 당사에서 출시한 라이브 지문 감지 센서(Goodix Live Fingerprint Detection Sensor)는 CTA에서 공학 기술력과 디자인, 타 경쟁사와의 비교우

위 등을 고려해 28개의 제품을 선정해 수여하는 CES 혁신상 임베디드 기술 분야와 최고 혁신상 분야에 선정되기도 했다.

이러한 경쟁력이 자국 뿐 만 아니라 세계 시장에서도 인정받고 있으며 우리나라에서는 2017년부터 LG전자의와의 첫 거래로 지문인식 센서를 공급하기로 했다. 해외에서 출시된 LG의 스타일러스3와 보급형 스마트폰인 K10에 구딕스 지문인식센서를 탑재해 화면 잠금 해제나 사진 촬영에 이용되고 있다. 또한 2018년에는 삼성전자가 인도에 출시한 스마트폰 '갤럭시J7듀오' 모델에 지문인식센서를 납품했다.[18]

④ 이지스테크놀로지

이지스 테크놀로지(Egis Technology Inc.)는 대만 타이페이에 본사를 두고 중국에 지사, 일본과 미국에 자회사를 둔 선도적 지문 인식 제조업체이다. 당사의 고유한 매칭 알고리즘으로 높은 보안성과 편의성을 자랑한다. 비(非) 비밀번호 인증표준 UAF와 범용적 제 2요소 U2F아키텍처 모두 FIDO 인증을 획득할 뿐 아니라, FIDO 연합 이사회의 회원사로 속해있다.

그림 26 egis Technology 로고
자료 : egis Technology

당사는 2017년 6월 28일부터 7월 1일까지 개최된 '2017 모바일 월드 콩그레스'에서 모토로라 모빌리티와의 협업을 통해 이지스 ET320 지문 인식 센서를

---

18) 中 지문인식센서 '구딕스' 삼성 스마트폰 첫 진입, 전자신문, 2018

도입한 모토 E4, E4 플러스를 발표했다. 모바일 분야 뿐만 아니라 자동차, 스마트 가전에 내장되는 지문인식 센서를 발표했는데 이 센서는 오인식률과 오거부율을 최소화 시킨 반도체 칩이라는 평가를 받고 있다.

국내 기업 중에서는 삼성전자가 이지스 제품을 사용하고 있다. 삼성의 갤럭시 S, 노트 시리즈의 지문인식 인증 센서칩은 미국 시냅틱스에서 공급해주고 있지만, 중저가 제품용으로는 갤럭시A 시리즈용 센서칩을 공급하던 이지스가 선정되어 J 시리즈까지 탑재 영역을 넓히게 된 것이다.

이지스의 주 고객사가 삼성전자가 되자 매출 상승폭이 크게 늘어났다. 2017년 1분기 매출이 작년 동기와 비교했을 때 10배 이상 증가한 것이다. 2017년 5월 5일 이지스 테크놀로지는 1분기 11억 8548만 달러의 매출을 기록했다고 밝혔다. 작년 1분기가 1억 620만 달러인 것을 감안하면 수치 상 1016%가 증가한 것이다. 작년 2분기와 대비했을 때도 34%의 매출 증가를 보였다.

이처럼 이지스텍의 시장 지위가 변화하고, 스마트밴드나 시계등 FIDO 사양을 적용하는 웨어러블 기기를 출시하는 등 다양한 방향의 발전 가능성이 확인되며, 구딕스와 시장 점유율 3위를 놓고 치열한 경쟁을 펼칠 것이라는 예측도 나오고 있다.

⑤ 크루셜텍

크루셜텍은 2001년 창립된 국내 기업으로 모바일 입력솔루션 전문 기업이다. 초소형 입력 장치인 OTP와 모바일 기기에 최적화된 지문인식 모듈 BTP가 주 상품이며 이를 세계 최초로 개발해 UI, 소프트웨어와 함께 솔루션 형태로 제공되고 있다. 현재까지 국내외 총 17개의 업체에 당사의 BTP를 공급했으며 89개의 스마트폰 모델에 채택되었다. 주 고객사는 LG전자, 화웨이, 오포, 비보와 같은 국제적인 스마트폰 제조 기업이다.

그림 27 크루셜텍 로고
자료 : ETNews

주요재무정보	최근 연간 실적				
	2016.12	2017.12	2018.12	2019.12	2020.09
매 출 액	3,200	1,727	837	650	377
영업이익	83	-396	-300	-291	-102
당기순이익	3	-637	-536	-459	-38
총 자 산	2,863	2,490	1,520	1,070	733
총 부 채	1,813	1,639	667	632	248
총 자 본	1,050	851	854	437	484

표 8 크루셜텍 연도별 실적 분석(단위:억원)

　　2015년도 협력사인 FPC의 성공으로 흑자 전환에 성공한 이후 기존에서 더욱 발전된 기술을 공급하고 있다. 대표적으로 2017년 초에 발표한 임베디드 지문인식 솔루션이 있다. 기존의 지문인식솔루션인 BTP는 스마트폰의 AP를 이미지 처리 과정에 이용한다. 때문에 AP의 특성에 따라서 소프트웨어의 추가 지원이 불가피하다. 그러나 임베디드 솔루션의 경우 17mmX17mm의 초소형 사이즈에 자체적인 중앙처리장치가 있기 때문에 모듈 공급만 해도 아무런 문제가 없다. 낮은 소비 전류로 상용화시 다양한 생활 가전에 활용될 가능성도 높다.

　　이러한 기술력을 토대로 당사는 올 해 5월에는 중국의 중환그룹과 전략 합작

협의서를 체결해 당사의 기술 제공과 지원을 바탕으로 한 지문인식 스마트카드 사업을 추진키로 했다. 중국의 생체인증 시장이 확대됨에 따라 중국 시장에서의 성공이 매출을 좌우할 수 있는 상황에서 자사의 기술력을 통한 중국 내수 확보를 노린 것이다.

올 해 6월에는 현재 세계 시장이 주목하고 있는 디스플레이 일체형 지문인식(DFS·Display Fingerprint Solution) 장치에 관한 특허를 취득했다고 밝힌 바가 있다.

이 특허는 광학식 지문인식 방식을 이용해 유기 센서층이 반사광을 감지하고, 지문 이미지를 읽어내는 솔루션이다. 중요한 것은 이 유기 센서층이 디스플레이 내·외부에 모두 적용 가능하며 추후에는 플렉서블 패널까지 확대될 가능성이 있으며, 이 DFS가 정전용량 방식과 광학식 방식이 모두 지원 가능하다고 밝혔다.

DFS는 현재 삼성전자와 애플의 차기작에 탑재가 불발된 것으로 알려진 기술 가운데 하나로 삼성전자의 경우 미국 시냅틱스와 당사 크루셜텍 등 지문인식 기술 보유 기업들과 함께 솔루션에 개발 중인 것으로 알려져 있다. 이러한 관심 속에서 크루셜텍의 DFS가 상용 가능한 수준에 이르게 되면 내년도로 예상되는 디스플레이 일체형 지문인식 경쟁에서 크루셜텍이 큰 수혜를 입을 것으로 기대하고 있다.

또한, 크루셜텍은 2020년 12월 3일에 레이저를 기반(Time of Flight)으로 한 센서를 모듈 형태로 만든 TSM(ToF Sensing Moudule)의 개발을 완료했다고 밝혔다. 크루셜텍이 개발한 TSM은 거리 측정이 필요한 전자제품에 모두 적용할 수 있다. 집에 있는 장애물, 쓰레기에 대한 거리 측정 및 탐지에 ToF 센서가 활용이 된다.

⑥ 슈프리마

그림 28 슈프리마 로고
자료 : 슈프리마

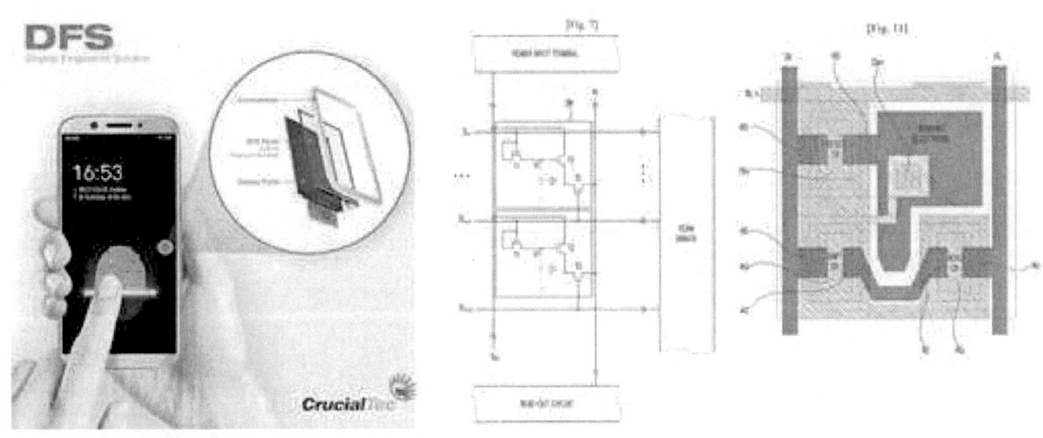

그림 29 크루셜텍의 DFS 특허 도면
자료 : 크루셜텍

슈프리마는 2000년도 설립 된 국내 회사로 지문인식을 이용한 도어락, 출입
통제, 근태 관리 장비 등으로 2006년부터 연평균 성장률 약 38%의 고속 성장
을 보이고 있으며 지문인식 모듈이 중심이 되어 지문인식기나 현금인출기와
같이 보안솔루션, 신분확인용 지문 스캐너와 같은 대표 제품들이 있다. 이러한
제품들은 국내 최대의 보안업체인 에스원에 독점 공급되고 있으며, 경찰청이나
외교부 법무부와 같은 공공부문에서도 슈프리마의 제품을 채택하고 있다. 전자
주민증, 전자여권 등에 사용되는 ID솔루션 사업 역시 주요 매출 가운데 하나
이다.

이러한 슈프리마의 지문인식 솔루션은 모바일 업계에서도 강세를 보이고 있다. 당사의 스마트폰 지문인식 솔루션인 바이오사인이 갤럭시 J5와 A7모델에 각각 채택되었다. 지난 2월에 스페인 MWC 2017에서 선보인 이 솔루션은 저사양 프로세서에서도 100ms에 달하는 높은 인증속도와 0.0005%이하의 오인증율을 보이며 높은 인식 성능을 제공한다. 기존의 스마트폰은 그 사용 기능이 길어짐에 따라서 인식 성능이 저하되지만, 바이오사인 2.0 솔루션은 자기학습 알고리즘을 기반으로 하기 때문에 시간이 지남에 따라 그 정확도가 상승하게 된다. 슈프리마는 이후에도 앞서 언급한 대만의 이지스 테크놀로지와의 협업을 통해 다국적인 스마트폰 제조 기업이 필요로 하는 통합적인 솔루션 공급을 제공할 계획에 있다고 밝혔다.

국내 기업뿐만 아니라 해외 시장에서의 입지도 점차 넓혀가고 있다. 2017년 초에는 북서부 아프리카 제1 허브 공항인 모로코의 모하메드 5세 국제공항에 당사의 바이오인식 기반 출입 통제 시스템인 바이오스테이션2를 공급하기도 했다. 제네텍과의 협업을 통해 진행되는 이 시스템 구축 사업에서 제네텍은 영상 감시 시스템을, 슈프리마는 바이오스테이션2 총 500대를 공항에 공급했다.

주요재무정보	최근 연간 실적			
	2017.12	2018.12	2019.12	2020.09
매 출 액	471	528	721	408
영업이익	124	122	246	62
당기순이익	91	114	259	97
총 자 산	1,033	1,159	1,486	1,547
총 부 채	61	72	122	86
총 자 본	972	1,086	1,364	1,461

표 9 슈프리마 연도별 실적 분석(단위:억원)

2020년 9월 전년동기 대비 연결기준 매출액은 17.5% 정도 감소하였고, 영업이익은 62.3% 감소하였다. 그 원인으로는 최근에 동사의 주요 제품의 경쟁이 심화 되고 원가율 악화, 비용 부담, 어려운 경영요건 등이 지속 되어 수익성이 하락했지만 바오이인식솔루션 산업은 계속적으로 성장하고 있기 때문에 스마트폰 등과 빠르게 접목을 하는 등 하여 실적 개선을 기대하고 있는 추세이다.

(4) 지문인식 시장 최근 이슈

① 슈프리마, 지문인식 기술 특허

코스닥 통신장비 제조업체 슈프리마가 지문 인증 방법 및 인증 방법을 이용한 장치와 관련한 미국 특허를 취득했다는 소식을 전했다. 이번 취득 특허는 **스마트폰 모바일 지문 인식 센서용 알고리즘**에 관한 것으로 알고리즘에 사용될 픽셀을 선정하고 처리하는 방식이다.[19]

또한, 모바일 지문 인식은 센서 크기가 작아 지문이 부분으로 입력되게 되는 경우가 대부분이기 때문에 지문인식 시장에서 이 같은 상황에서도 지문을 정확하고 빠르게 인식하기 위한 알고리즘 기술에 관한 특허가 필요했다고 덧붙였다. 이어 특허는 모바일용 지문인식 알고리즘인 'BioSign'에 적용되고 있으며, 향후 차세대 센서 개발에도 지속적으로 적용될 예정이라고 밝혔다.[20]

② 게이트맨, 지문인식 도어록 출시

도어락 시장을 선도하고 있는 게이트맨이 지문인식이 가능한 도어락 신제품을 출시했다는 소식을 전했다. 이번에 출시된 신제품은 'GRAB100-FH'모델로 임직원 및 파트너사를 대상으로 개최한 비전 선포식 '2019 게이트맨 데이 from safety to smart'에서 혁신비전을 선포하며 신제품을 처음 선보였다.

'GRAB100-FH'는 기존 모델의 장점만을 선별해 탑재한 최상급 모델로, **국내**

---

19) 슈프리마, 지문 인식 기술 美 특허 취득, 뉴스핌, 2019
20) [공시]슈프리마, 지문 인증 방법 관련 특허, 뉴시스, 2019

최초 레버 타입 퀵패스 지문인식 도어락이다. 손잡이 센서에 지문이 닿는 순간 잠금장치가 열려 **빠르고 편리하게** 문을 열 수 있다. 또한, 빗장 구조의 잠금 방식이 가진 취약점을 개선하기 위해 걸쇠로 한 번, 후크로 두 번 잠그는 강력한 후크메커니즘을 적용했다.21)

따라서 이 도어락의 가장 큰 장점은 지문인식과 동시에 문을 열 수 있게끔 했다는 점이다. X300-FH는 문을 열기 위해 잡는 푸시바(손잡이) 중앙에 지문인식 스캐너를 탑재, 지문인식과 문을 여는 과정을 불과 1.8초에 끝낼 수 있게 했다.

또한 퀵패스 지문인식 외에도 카드 키, 비밀번호 입력 등 3가지 인증 기능을 추가해 혹시라도 비밀번호를 잊어버리거나 카드키를 잃어버리는 일에도 대처할 수 있으며, 비밀번호 노출 우려를 없애기 위해 허수 기능을 도입, 기존의 비밀번호 앞뒤에 임의의 허수(번호)를 입력할 수 있어 누군가 뒤에서 비밀번호를 볼까 걱정하는 불안감도 해소할 수 있다. 아울러 파손 및 침입경보 기능, 고온경보 및 화재안전 개폐시스템 등으로 안전한 기능을 대폭 강화했다.22)

③ 드림텍, 차량용 지문인식 센서

전자부품 제조업체 드림텍이 양산차에 **세계 최초 차량용 지문 인식 센서 모듈을 공급**한다는 소식을 전했다. 드림텍의 지문 인식 센서 모듈은 보안 기능과 안정성, 신뢰성을 인정받았으며, 현대자동차의 '스마트 지문인증 출입·시동 시스템'에 적용될 예정이다.

드림텍의 차량용 지문인식센서에는 도어 핸들과 시동 버튼에 탑재되어 있어, 사전 등록된 사용자를 인증하고 해당 인증 사용자에 한해 차량 도어 개폐, 시동제어 등 보안 관련된 기능을 제공한다. 드림텍의 모듈을 탑재한 차량은 자동

---

21) 게이트맨, IoT 서비스 결합한 지문인식 도어록 'GRAB100-FH' 출시, 비즈트리뷴, 2019
22) 도어락 업체 게이트맨, 지문인식 적용 'X300-FH' 출시, 베타뉴스, 2017

차 키가 없어도 지문을 통해 문을 열고 시동을 걸 수 있다.

뿐만 아니라 사용자 인증을 통해 시트, 미러, 핸들 등 사용자 맞춤형 포지션
을 제공하여 사용자 편의성을 향상시켰으며, 향후 사용자가 선호하는 실내온도
및 플레이 리스트 선정 등 다양한 개인화 서비스도 제공해 사용자의 편의성을
향상시킬 것으로 예상된다.[23]

드림텍 관계자는 당사에서 공급하는 차량용 지문 인식 센서 모듈은 컨셉 차
량이 아닌 양산 자동차에 세계 최초로 적용되는 제품이라며 이번 공급을 발판
삼아 다양한 차종 및 글로벌 완성차 브랜드로 시장이 확대될 수 있을 것으로
기대하고 있다고 덧붙였다.[24]

④ 국내 연구팀, 두께 약 1000분의 1로 줄인 지문인식 센서 개발

한국전자통신연구원(ETRI)과 포스텍, 전자부품제조기업 클랩 공동연구팀은 기
존 제품보다 두께가 약 1000분의 1로 얇은 지문인식 센서를 개발했다. 실리콘
을 사용한 지문인식센서의 경우 mm 정도의 두께인 반면, 유기물을 활용한 지
문인식 센서는 수십 마이크로미터(㎛·100만 분의 1m) 수준이며, 이를 이용하
여 아주 얇은 형태의 필름형 지문센서 제작이 가능하다. 또 기존 제품들의 공
정을 통해 제작이 가능해 휴대전화나 노트북 등의 제품에 빠르게 적용될 수
있다고 ETRI 관계자는 밝혔다.[25]

지문인식 센서의 원리는 손에 빛을 쏘아 지문 굴곡에 따라 달라지는 음영을
감지하는 방식이다. 빛의 음영을 전기에너지로 변환하는 센서로는 일반적으로
실리콘이 사용되어 왔다. 연구팀은 실리콘보다 광 흡수능력이 큰 '비스플루로
페닐 아자이드'란 물질을 도핑한 유기물을 사용해 실리콘보다 작은 두께로도

---

23) 드림텍, '차량용 지문인식 센서 모듈' 양산 시작, 프라임경제, 2019
24) 드림텍, 차량용 지문 인식 센서 모듈 양산, 뉴스핌, 2019
25) 두께 1000분의 1로 얇아진 지문인식 센서 나왔다, 동아사이언스, 2021

광센서를 만들 수 있으며 흡수할 수 있는 빛을 파장대별로 구별하기 위해 컬러 필터를 추가할 필요가 없다고 밝혔다.

해당 연구결과는 2021년 9월, 국제학술지 '머터리얼즈 호라이즌스'에 실렸다.

2) 홍채 인식 산업

(1) 홍채 인식 시장 전망

차세대 보안 기술로 기대를 모아온 홍채(虹彩) 인식이 금융·쇼핑·보안 업계에 빠르게 확산되고 있다. 번거로운 공인인증서 없이 눈을 뜨고 스마트폰 카메라를 쳐다보는 것만으로 금융 사이트에 로그인하고 계좌를 이체하거나 온라인 쇼핑몰에서 상품 구매·결제까지 가능한 시대가 열린 것이다.

시장조사 업체 마켓앤드마켓에 따르면 홍채 인식 시장은 연평균 23.4%씩 성장해 2023년이면 7조원 규모를 형성할 것으로 예상되어지고 있다. 미국 IT 전문매체 와이어드는 "번거롭게 스마트폰을 조작하지 않아도 되는 홍채 인식의 등장은 사람의 몸 자체가 보안카드가 되는 영화 같은 시대를 앞당길 것"이라고 평가하기도 했다.

이렇게 확대되어가고 있는 홍채 인식을 이용한 인증 서비스 시장에 가장 적극적으로 뛰어들고 있는 분야는 금융·모바일 업계라고 할 수 있다.

먼저, 금융·쇼핑 업체들이 앞 다투어 홍채 인증 서비스에 뛰어들고 있는 이유는 **홍채 인식이 가장 안전하고 간편한 보안 기술이라는 인식** 때문이다. 홍채 인증은 스마트폰 전면에 탑재한 적외선 카메라로 안구(眼球) 속 홍채 주름과 돌기, 굴곡의 형태를 읽어 인증에 사용한다. 한국전자통신연구원 휴먼인식기술 연구실장은 "홍채 주름은 사람마다 모두 다르다"면서 "일정한 규칙이 없이 자

연적으로 형성되기 때문에 인위적으로 특정 모양의 홍채나 만능열쇠 같은 홍
채를 만들어낼 수 없다"고 말했다.

　증권업계에서도 SK증권·유진투자증권·삼성증권 등이 홍채 인증 서비스를 시작
했다. 이들은 공인 인증서나 보안카드, 비밀번호 없이 홍채 인증만으로 모바일
앱(응용 프로그램)에 로그인해 주식거래를 할 수 있도록 하며, 이에 IBK투자증
권·NH투자증권·메리츠종금·하나금융투자증권 등도 홍채 인증 서비스를 개발하
고 있다.

　은행권도 앞 다투어 서비스 도입에 나서고 있다. KB국민은행과 우리은행·신한
은행은 계좌 이체와 결제 등 모바일뱅킹의 모든 서비스를 홍채 인증만으로 이
용할 수 있도록 했다. 동부화재·KB손해보험 같은 보험사와 삼성카드·하나카드
등 카드업계도 홍채 인증 서비스를 출시했다. 온라인 쇼핑을 하면서 카드 결제
가 필요할 때도 홍채 인증만 하면 되는 간편성이 인정됨에 따라 더 많은 업계
로 확대 될 전망이다.

　모바일 시장에서는 2015년 일본 후지쓰가 출시한 홍채 인식 기능 탑재 스마
트폰이 최초로 등장했으나 당시 별다른 관심을 끌지 못하고 넘어가게 되었다.
마이크로소프트가 2015년 선보인 '루미아 950' 모델에도 홍채인식이 적용됐
다. 하지만 루미아의 홍채인식 역시 큰 주목을 받지 못하고 사라졌다. 기술이
부족해서가 아니다. 루미아에 담긴 홍채인식이 신기하긴 했지만, 막상 홍채인
식을 잠금 화면 해제용도 외에는 쓸 곳이 없었기 때문이다.

　홍채 인식을 차세대 모바일 인증 방식으로 자리매김하게 한 업체는 국내의
삼성전자라고 할 수 있다. 삼성전자는 위와 같은 사례를 통해 스마트폰 내에서
만 구동되는 홍채인식은 별다른 차별성이나 실용성을 가지지 못한다는 것을

알고 갤럭시 단말기의 홍채인식을 중심으로 한 '보안 생태계'를 조성했다. 갤럭시 단말기를 모바일을 포함해 각종 온라인 서비스를 이용할 수 있는 일종의 만능열쇠로 만든 것이다.

실제로 IT 전문매체 비즈니스인사이더는 최근 "삼성전자 갤럭시S8의 홍채인증 기술은 미국 연방수사국(FBI)이 사용하는 지문 인식보다도 훨씬 뛰어나다"고 평가했다. FBI의 지문 인식은 열 손가락을 모두 인식한다고 해도 130개 특징만 잡아내지만 갤럭시S8의 홍채 인식 카메라는 한 번에 200개 특징을 잡아낸다는 것이다.

삼성전자는 미국 벤처기업인 프린스턴 아이덴티티가 개발한 홍채 인식 기술을 이용하고 있다. 당사는 홍채 인증을 이용한 생체 인증 소프트웨어를 금융사들에 무료 제공하며 서비스 확산에 적극적으로 나서고 있다. 삼성전자 관계자는 "금융사 제휴를 통해 모바일 금융거래 서비스인 삼성페이를 활성화할 수 있다"면서 "장기적으로 온라인 쇼핑몰과 의료 서비스 등에도 홍채 인증을 활용할 계획"이라고 말했다.

당장 모바일 금융 서비스에 적용이 가능하다. 삼성전자는 갤럭시 단말기를 통한 모바일 결제 서비스인 '삼성페이' 확산을 위해 노력 중이다. 삼성페이는 국내에서 출시 1년 만에 누적 매출액 2조원을 넘어섰다. 모바일 결제 서비스는 편리하지만 단말기 분실이나 해킹, 도난 등으로 인한 보안 문제가 늘 걸림돌이었다. 삼성전자는 현재 비밀번호와 지문인식으로 돼 있는 삼성페이의 보안 인증 방식에 홍채인식까지 도입할 계획이다. 홍채인식을 사용하면 삼성페이의 보안 수준은 비밀번호나 지문인식보다 훨씬 높아지게 된다.

홍채인식으로 온라인 금융거래 시장도 노리고 있다. 삼성전자는 홍채인식과 함께 '삼성패스'도 선보였다. 삼성패스는 홍채인식을 통해 본인인증을 받을 수

있게 하는 서비스다. 이미 우리은행, 신한은행, KEB하나은행 등 3개 은행에서
는 삼성패스의 홍채인식으로 로그인이나 계좌이체 등 금융 서비스를 이용할
수 있다.

삼성패스는 갤럭시 단말기에서 홍채인식을 통해 본인확인을 하면, '확인됐다'
는 신호를 본인인증이 필요한 서버에 전송해주는 방식으로 작동한다. 이 같은
방식은 본인인증이 필요한 다양한 서비스에 무궁무진하게 활용할 수 있다. 갤
럭시 단말기만 있으면 금융거래도, 현관문을 여는 것도, 모바일 투표를 하는
것도 모두 가능해질 수 있다는 얘기다. 삼성전자는 세계 최대 스마트폰 제조업
체다. 갤럭시 단말기가 팔리는 곳이라면 어디라도 이 같은 홍채인식 기반 서비
스를 제공할 수 있다.

삼성전자의 갤럭시 시리즈를 필두로 하여 글로벌 스마트폰 업체들도 속속 홍
채 인식 기술 채택에 나서고 있다. 애플은 아이폰8에 홍채 인식 기능과 안면
인식 기능을 동시 탑재할 것으로 알려지기도 했다. 중국 화웨이와 샤오미 등은
이미 홍채 인식 스마트폰을 개발 완료하고 출시시기를 조율하고 있는 것으로
전해졌다. 전자업계 한 관계자는 "2017년 홍채 인식이 프리미엄 스마트폰의
기본 기능으로 탑재되는 원년이 될 것"이라고 말했다.

다양한 업계가 홍채인식 시장에 참여하고 있다 보니 각각 홍채코드를 추출하
는 방법과 코드의 형태도 다르다. 삼성전자도 고유의 기술로 홍채코드를 얻는
다. 예컨대 삼성전자의 홍채인식에서는 특정 주파수의 적외선을 홍채에 조사한
뒤 얻어지는 반사 영상을 통해 홍채인식을 한다. 갤럭시노트7에 적용된 홍채
인식은 일반적인 사용 환경에서 통상 1초 이내에 작동하는 것으로 알려져 있
다.

과제는 생태계를 어떻게 조성해 나가느냐다. 국내의 경우 삼성전자의 단말기

시장 점유율이 70~80%에 달하는 데다 최근 한국인터넷진흥원이 '홍채 등 생체인식 기반 간편 공인인증 가이드라인'을 발표하는 등 제도적인 지원도 뒷받침되는 분위기다. 하지만 해외 시장의 경우 갈 길이 멀다. 나라별로 생체인식에 대한 인식에 차이가 있을뿐더러 생체인식과 관련해 요구하는 기술 수준이나 적용하는 규제 등도 제각각이다. 애플과 화웨이 등 글로벌 제조업체들과의 경쟁도 이겨내야 한다.[26]

(2) 홍채 인식 기술 동향

현재 보안시설의 출입통제로 널리 보급된 홍채인식은 인식 성능이 매우 높지만 사람이 홍채 카메라에 눈을 가까이 가져가고 협조적인 자세를 취해야만 하는 문제점들을 가지고 있다.

최근에 이러한 문제점들을 해결하고 홍채인식 기술이 좀 더 대중화가 되기 위한 노력들이 많이 진행되어 왔으며, 그 결과 수십 cm 이내 거리의 근접 환경에서 홍채 영상을 획득하는 기존 시스템에서 더 나아가 수 미터 거리에서의 홍채 영상을 획득할 수 있도록 개발이 이루어지고 있다.

또한, 원거리에 서 있는 사용자의 홍채 정보를 획득할 뿐 아니라 걸어오는 사람의 얼굴 및 홍채 영상을 획득하여 홍채인식을 수행하는 기술도 개발되고 있다. 최근에는 협조적인 원거리 홍채인식에서 벗어나 비협조적인원거리 환경에서의 홍채인식을 통한 지능형 영상 감시시스템과의 결합으로 홍채인식의 확장이 이루어지고 있다.

이러한 원거리 홍채인식 기술은 크게 세 가지로 분류할 수 있다.

---

26) 보안인증 시장 휘어잡는 '홍채인식' 기술, 경향비즈, 2016

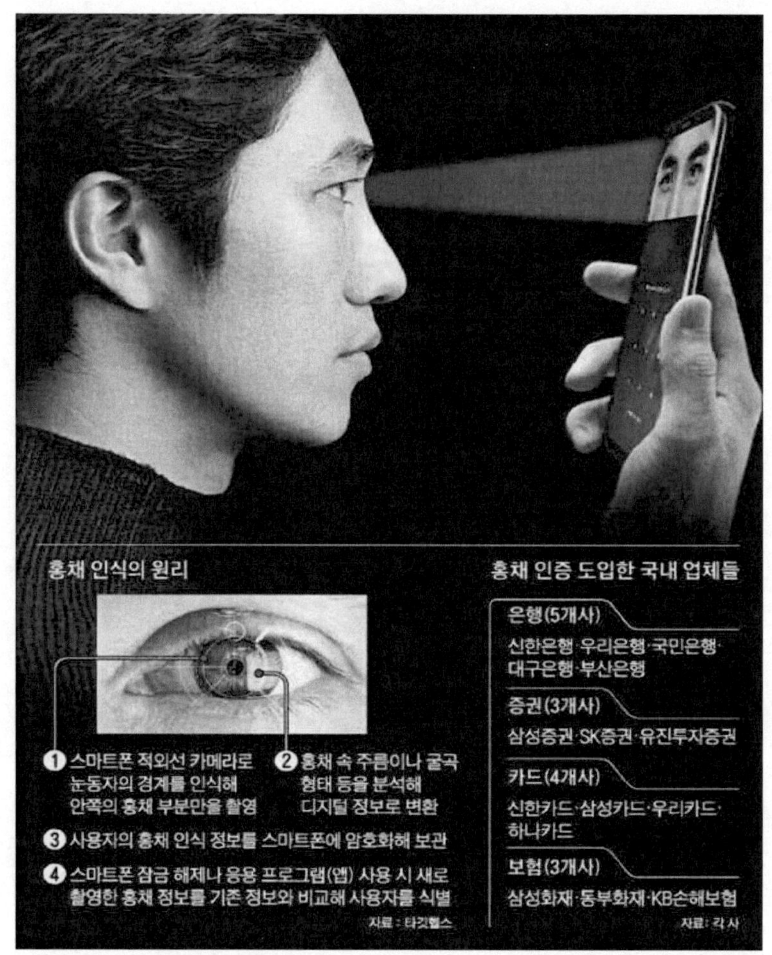

그림 30 홍채인식 원리 및 국내 업체들
자료 : FBI 지문 인식보다 우수… 홍채 인증 시장 눈 떴다, 조선닷컴, 2017.05.03.

먼저, 출입문 환경의 원거리 홍채인식이다. 출입문 환경의 원거리 홍채인식은 스피드 게이트, 공항, 항만 시설 등과 같이 많은 사람이 지나가는 출입구에 설치되어 1~3m 원거리에서 사람의 홍채 영상을 획득하여 인증하는 기술이다. 개인 인증을 위해 카메라에 근접하게 눈을 갖다 대는 기존의 상용제품들의 불편함을 해소하고 빠른 속도로 많은 사람들의 출입을 제어할 수 있는 장점을 가지고 있다.

두 번째로, Wide/PTZ 카메라 기반 원거리 홍채인식이다. AOptix나 IOM과 같은 원거리 홍채인식 시스템은 고정 초점카메라 환경이기 때문에 홍채 영상을 획득할 수 있는 가능 범위가 특정 높이/넓이와 협소한 특정 깊이 값을 가지는 제한적 형태로 수행되는 문제가 있다.

이러한 문제를 개선하는 것으로 wide 카메라와 PTZ(PanTile Zoom) 카메라를 연동하여 이용하는 기술들이 개발되었다. 이러한 방법에는 한대의 wide 카메라를 사용하여 PTZ를 제어하는 방식과 스테레오 카메라나 기타 장치를 이용하여 사람의 위치를 예측하고 PTZ 카메라를 제어하는 방식으로 나눌 수 있다.

마지막으로, 비협조적 감시 환경의 원거리 홍채인식이다. 최근에는 영상 감시 환경에서 홍채인식의 활용에 대한 관심이 증가하고 있다. 비협조적 감시 환경의 원거리 홍채인식은 출입문 환경의 원거리 홍채인식(1~3m)이 아닌 비교적 비협조적인 환경에서 다수 사람들을 더 먼 거리에서 홍채인식이 가능하도록 하는 것이다.

(3) 주요 국내외 기업 현황

① EyeLock

아이록은 미국복스 인터내셔널코퍼레이션(Voxx International Corporation)의 자회사로 사물 인터넷(IoT)용 홍채 인증 분야의 리더라고 할 수 있다. 75개 이상의 특허를 보유하고 있으며, 인식 실패율이 낮고 60cm의 자연스러운 거리에서도 정확한 인식이 가능하기 때문에 그 사용의 편리성과 확장 가능성을 인정받아 다양한 개인·기업용 제품에 사용되고 있다. 당사의 홍채인식 기술은 개인의 240가지 이상인 홍채 특성들을 검사하고 인식하고 있는데, 기술 검증 결과에서 150만 번의 접근을 시작했을 때 1번의 접근 수락을 내리는 1%미만의 낮은 검증 오류율을 보이고 있다.

그림 31 eyeLock 로고
자료 : eyeLock

주요 제품으로는 나노 NXT, HBOX, 마이리스, 아이덴티티 스위트 등 홍채인식을 기반으로 한 제품들과 인증 솔루션을 제공하며, 이는 건강관리, 정부 및 공공기관, 기업, 금융 서비스, 교육 분야에서 폭 넓게 활용 가능하다.

이 가운데서도 HBOX 제품의 경우에는 원거리에서 분당 최대 50명을 인식 가능하기 때문에 빌딩 로비, 구경 통제, 공항, 경기장, 제조/건설 및 테마파크와 같은 높은 처리량 환경에 이상적이며 홍채 인식 기능이 현재 나아가야 할 방항인 원거리 인식에 적합한 제품이라고 할 수 있다.

최근에는 퀄컴인코퍼레이티드의 자회사인 퀄컴테크놀로지스와 모바일 시큐리 라이센스에 관련된 계약 체결을 발표했다. 오류율이 낮은 생체 측정과 보안을 위해 홍채인식 솔루션과 차세대 소프트웨어를 결합하여 보다 다층적인 보안이 가능하며, 모바일 시큐리티의 최신 기능에 카메라 보안과 하드웨어 토큰 기능까지 함께 제공해 떠오르는 홍채 인식 시장에서의 입지를 다지고 있다.

② 에프에스티

그림 32 에프에스티 로고
자료 : 에프에스티

에프에스티는 1987년 설립되어 경기도 화성시에 본사를 두고 있다. 2000년 1월에 코스닥에 상장되었으며, 반도체 및 FPD 관련 Photomask 보호막인 Pellicle 장비의 온도나 습도를 관리하는 Chiller 및 관련 장비, 제조불량 검사 장비를 자체 개발해 관련 시장에 공급하고 있는 중견 기업이다.

2021년 상반기까지 매출액과 영업이익 모두 꾸준히 상승세를 보여왔다. 국내 1위 Pellicle 생산 업체로서 EUV용 Pellicle 개발 성공에 대한 기대감이 있다.

또한, 에프에스티는 OSRAM으로부터 칩을 공급받고 이를 홍채 관련 조립 회사에 공급하고 있는데 올 해 이 칩이 삼성전자에서 사용하고 있는 것으로 알려지고 있다. 홍채 인식 칩이 갤럭시 S8을 비롯해 갤럭시A 시리즈 등에 사용되는 것으로 전해지며 앞으로의 발전 가능성이 꾸준하게 인정받고 있는 추세

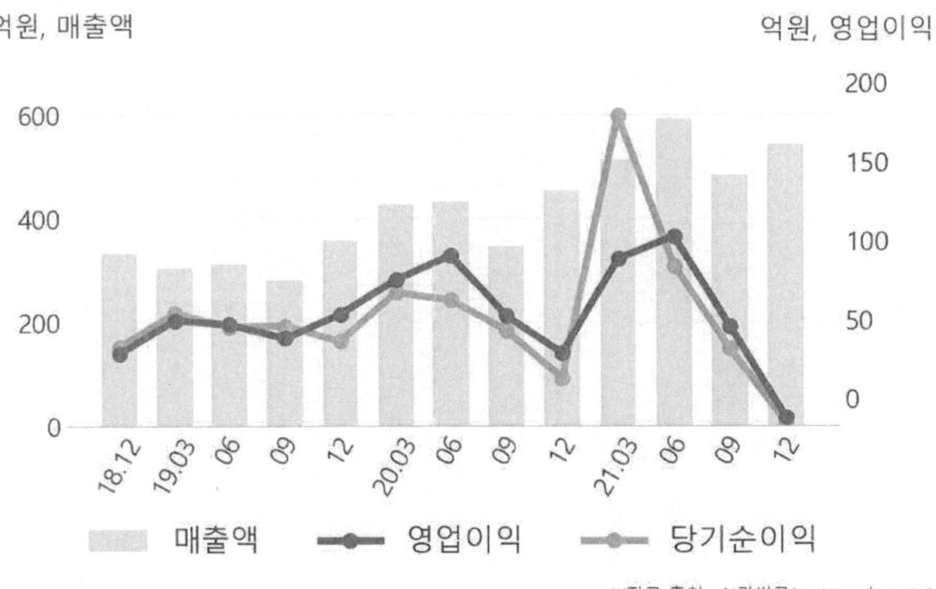

그림 33 에프에스티 분기별 실적 추이
자료 : AI라씨로

이다.

 특히 올 해 출시된 갤럭시 S8과 S8플러스의 경우 1920만대가 팔리며 올 해
가장 많이 팔린 스마트폰 순위에서 각각 3위와 4위를 차지하게 되어 S8의 흥
행과 함께 에프에스티의 홍채인식 칩의 흥행 역시 보장된다고 보는 의견도 있
다.

③ 아이리스아이디

그림 34 Iris ID 로고
자료 : Iris ID

아이리스아이디는 LG전자 아이리스 기술 부문으로부터 시작 했다. LG 아이리스는 전략, 제품 개발, 마케팅, 영업 및 회사의 홍채인식 기술 제품의 유통을 위한 글로벌 경영 책임 및 전반적인 방향 제공을 위해, 2002년 미국에서 설립 되었다.

미국 오피스는 뉴저지 크랜베리에 위치하며, 인근의 LG ELITE 및 한국에 위치한 연구개발 센터와 긴밀하게 협력한다. 현재 이러한 비즈니스 그룹은 IrisAccess 7000 시리즈 등의 신제품 개발에 노력을 기울이고 있다. 최신 4세대 솔루션, 3세대 IrisAccess 4000 및 2세대 IrisAccess 3000 플랫폼도 지속적으로 지원하고 있으며, 특정의 실험실 테스트를 통한 실환경에서 검증된 IrisAccess 플랫폼은, 정확도 및 속도, 그리고 사용자 편의성뿐만 아니라, 다양한 통합에 대한 표준을 제시하였다.
전자 산업의 리더로서 LG전자의 뿌리는 1958년을 시작으로, 오늘날 디지털 가전제품, 모니터 기술의 세계적인 선도 기업이며, 광디스크 드라이브의 선도적인 제조업체이다. LG는 홍채인식을 이용한 생체 인증 분야의 선두에 서 있다. 홍채인식 기술은 일반적으로 모든 생체 인식 기술 중 가장 정확한 것으로 알려져 있다.

1997년 LG의 홍채인식 분야 참여 이후, 회사는 세계 최고 규모의 설계, 테스트 및 상업적 분야에서 IrisAccess 홍채인식 플랫폼의 4세대를 제공하고 있으며, 1999년도에 개발된 LG IrisAccess 2200 모델을 시작으로, 2001년 포털 및 전반적인 비용을 모두 줄이면서 더 강력한 시스템 보안 기능, 향상된 속도 및 향상된 사용자 인터페이스를 제공하는 제 2세대 LG IrisAccess 3000 제품을 선보였다. 오늘날, 아이리스아이디는 생체인식 부문의 인증 시스템 및 우수한 시스템 통합의 유연성을 바탕으로 한 강력한 인증 기술의 통합으로 스푸핑 방지 대책을 제공하는 세계적인 홍채 플랫폼의 선두 주자로 자리매김 하고 있다.

 당사는 한국 기업임에도 불구하고 해외에서 더 인정받는 생체 인증 기업 가운데 하나이다. 핀테크와 비대면 인증 등이 세계 시장에서 연일 화두가 되면서 최근에는 해외뿐만 아니라 국내 적용 사례도 늘어나고 있는 추세다.

 캐나다 토론토 국제공항에 설치된 넥서스 프로그램은 여행 빈도가 높고 사전 등록심사를 거친 여행객을 신속히 식별한다. 출입국 심사장에서 홍채만 인식하면 바로 신원이 확인된다. 카메라만 쳐다보면 입국심사가 완료된다.

 넥서스 프로그램 핵심 기술은 바로 한국 홍채인식이다. 아이리스아이디(대표 구자극)가 개발한 홍채인식 시스템이 적용됐다. 캐나다 8개 국제공항과 19개 육상 입국장 430개 해양 입국장에서 미국 간 국경 통관 절차를 신속히 처리한다.

 아이리스아이디 홍채인식 기술은 우리은행 ATM 출금과 대여금고 승인, 출입 통제 등에 적용된다. 시범사업이 성공하면 약 2000만명이 넘는 우리은행 고객은 전국 967개 지점에서 홍채등록 절차를 거치면 바이오인증으로 금융거래를 한다. 기존에 ATM 이용이나 금융거래 때는 비밀번호와 핀(PIN) 번호를 인증 수단으로 썼다. 카드 분실이나 비밀번호 누출 우려가 있다. 앞으로 우리은행은 홍채정보와 비밀번호를 동시에 입력해 강화된 보안체계를 만든다.

 아이리스아이디 홍채인식시스템 '아이리스액세스'는 인도, 멕시코, 카타르, 아랍메이리트, 소말리아 등 국가 ID프로젝트에 쓰였다. 미국 질병관리본부(CDC), 국방부, 국무부, LA공항 등에도 적용됐다. 시스코, 구글, 도요타, 시티뱅크 등 보안이 중요한 기업체와 현장에 설치돼 본인인증 정확성을 입증했다.

그림 35 아이리스 아이디 '아이캠 7100S'

  홍채 패턴은 태어나서 약 10개월이 지나면 형성이 완료된다. 일생 동안 변하지 않는다. 두 개 홍채에서 같은 코드를 생성할 확률은 거의 없다. 특징을 이용한 신원확인 시스템은 기존 보안 시스템에 연계돼 사용된다. 단독으로 신원 확인에 이용된다. 독특한 홍채패턴은 도난, 분실 위험이 없으며 외과 수술로도 변경이 어렵다.

  아이리스아이디 홍채인식 시스템은 약 10cm~1m 거리에서 홍채를 촬영하는 비접촉식으로 위생도 뛰어나다. 아이리스아이디 제품은 미국 등 국제 규격에 맞춰 생산된다. 광학과 미세한 조명이 인체에 미치는 영향은 눈 안전에 관한 ANSI, IEC 등 국제표준에 맞춰 시험을 거쳤다.

  아이리스아이디 대표는 "홍채인식은 다른 기술에 비해 변별력이 높으며 뛰어난 정확성을 자랑 한다"며 "출입보안, 근태관리, 식수관리 등에 쓰여 차세대 인증수단으로 급부상했다"고 말했다.27) 아이리스아이디는 일전에 우리은행과 핀테크 사업 협력을 위한 공동 업무협약식을 체결하고 홍채인식 시스템을 공급한 바 있으며,28) 최근에는 유럽입자연구소(CERN)에 자사 홍채인식 시스템을

27) [시큐어 로그인] 해외서 더 유명한 홍채인식 '아이리스아이디`, 전자신문, 2016
28) 아이리스아이디 우리은행에 홍채 인식 시스템 공급, 전자신문. 2015

공급 및 구축했다.[29)]

④ 파트론

partron

그림 36 파트론 로고
자료 : 파트론

　2003년 1월에 설립된 파트론은 삼성전기에서 RF 사업을 주도했던 핵심인력들이 주축이 된 분사이다. 같은 해 5월 삼성전기로부터 휴대폰용 유전체 Duplexer와 Isolator 사업을 인수해 영업을 개시했고, 이후에도 R&D 투자를 통하여 기존 사업의 기술 혁신을 이루며 다양한 신규 사업들을 꾸준히 추가하고 있다.

최근 파트론은 역대 최대 매출을 또 한 번 경신할 가능성이 높다는 평가를 받고 있다. 2021년 4분기 실적은 매출 3173억원, 영업이익 218억원이며, 영업이익은 5.8%를 웃돌았다. 갤럭시 S22 카메라 조기 양산분 반영, 웨어러블 심박센서 매출 확대 효과로 비수기임에도 긍정적인 실적을 보였다. [30)]

당사의 사업 분야는 크게 두 가지로, 휴대폰용 부품과 비휴대폰용 기타 부품 (통신시스템, 가전, 컴퓨터, MP3, 전자레인지, 네비게이션 등에 채용되는 부품)으로 사업부문을 구분하고 있으며, 세부적으로는 카메라모듈, 안테나(Chip ANT, INTENNA, 외장형 ANT, GPS ANT), 수정발진기, 아이솔레이터, 유전체필터를 생산하며 최근에는 광마우스, RF 모듈, 관통콘덴서, 센서류, 마이크,

---

29) 아이리스아이디, CERN에 홍채인식 시스템 구축, 전자신문. 2022
30) 파트론, 역대 최대 매출 경신 가능성...호실적 시현 - 하이, 이데일리, 2022

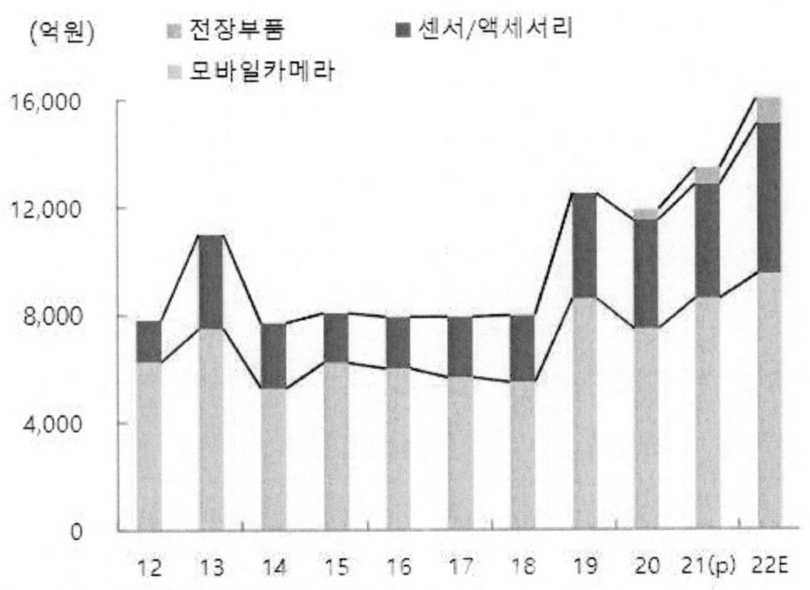

그림 37 파트론 연간 매출 전망:'22년도 역대 최대 매출 전망
자료 : 파트론

진동모터 등에 대한 개발을 완료하고 본격적으로 신규 사업을 추진하고 있다고 밝혔다.

휴대폰용 카메라에 대한 매출이 최근까지 파트론 실적을 이끌고 있다. 파트론은 삼성전자의 갤럭시S22에 카메라 조기 양산분 반영, 웨어러블 심박센서 매출 확대로 인해 2021년 하반기 실적이 상승했으며 2020년까지의 파트론 매출의 85%는 삼성전자에서 발생했다.[31]

파트론의 기술 가운데 특히 주목할 만한 것이 바로 홍채인식 모듈인데, 2017년 초 삼성전자가 갤럭시S8 시리즈 2종 전면 카메라모듈 주요 공급사로 파트론과 파워로직스, 캠시스, 엠씨넥스 등 4개사를 선정했는데, 파트론이 이 가운데서도 일반형 모델의 퍼스트 벤더를 맡아 초도물량의 홍채모듈을 단독 공급했기 때문에 앞으로도 큰 수혜를 받을 것으로 예측하는 의견도 있다. 초도물량을 단독 공급한 이유도 전작인 노트7의 홍채모듈 역시 국내 업체 가운데서는 파트론이 독점적으로 공급해왔기 때문에 이미 양산 능력이 검증된 것이라는

---

31) 파트론, 삼성전자 '올인' 기류 바뀐다, 더벨, 2021

평가를 내렸을 가능성이 크다. 최근에는 자동차 부품 업계에까지 사업범위를 넓혀 최근 현대차의 '제네시스 GV60'에 어라운드뷰 모니터용 카메라 모듈을 공급했으며 '제네시스 G90'에도 DMS용 카메라 모듈을 공급하기로 했다. 2000년 설립된 홍채인식 전문회사인 '아이리텍'에 11억원을 투자하고, '아이리텍'이 보유한 홍채인식 알고리즘을 활용해 '운전자 모니터링 시스템(Driver Monitoring System·DMS)을 개발하고 있다. 기존 방식으로는 주행 중 운전자의 얼굴 방향과 눈 깜빡임 등을 감지해 운전자 상태를 파악해왔으나 DMS는 홍채 안쪽의 동공의 활동을 감지해 운전자 상태를 파악함으로써 기존 방식보다 더 정확한 모니터링이 가능한 장점이 있다. [32]

(4) 홍채인식 시장 최근 이슈

① 병무청, 홍채인식기 도입

2019년도 병역판정검사(징병신체검사)가 1월 28일부터 11월 22일까지 진행된다. 검사 대상자는 대부분 2000년 출생자(19세)로, 병역판정검사를 연기했다가 2019년에 받아야 하는 인원까지 포함해 총 32만5000여명이다.

병역판정검사는 기본검사와 정밀검사로 나뉘는데, 기본검사에서는 모든 수검자를 대상으로 심리검사, 혈액 및 소변 검사, 혈당검사, 영상의학검사, 혈압 및 시력측정 등을 실시하며, 이를 통해 간질환, 당뇨질환, 간염, 신장 기능, 심혈관계 질환 등을 확인한다. 또한, 정밀검사는 기본검사 결과와 본인이 작성한 질병상태 문진표, 지참한 병무용 진단서 등으로 내과와 외과 등 과목별로 질환 유무를 면밀히 살펴본다. 정밀검사는 병력이 있거나 현재 질환을 앓고 있는 수검자에 한해 실시된다.

한편, 병무청 관계자는 2019년부터 **모든 지방병무청에 홍채인식기를 도입**해

---

32) 파트론, 현대차 겨냥한 홍채인식 운전자 모니터링 시스템 개발 나서, 디일렉, 2021.11.25

쌍둥이 신분확인을 강화했고, 당화혈색소 검사를 시범 실시해 당뇨 질환을 판별하는데 정확성을 높였다고 밝혔다.[33]

병역처분은 신체등급·학력 등을 종합적으로 고려해 판정한다. 병역의무자들은 질병·심신장애 정도의 평가 기준인 '병역판정신체검사 등 검사규칙'에 따라 판정된 신체등급과 학력 등을 고려해 현역병 입영대상, 보충역, 전시근로역, 병역면제 등의 병역처분을 받게 된다. 다만, 학력이 고등학교 중퇴 이하이면서 신체등급 1~3급에 해당해 보충역 처분 대상이지만 현역병 입영을 원할 경우 현역병 입영대상이 될 수 있다.[34]

② 이리언스, 인도시장에 홍채 알고리즘 수출

홍채인식 전문기업인 이리언스가 세계최대 생체인식 시장 중 하나인 인도에 **홍채인식 알고리즘의 수출**을 진행하고 있다고 전했다.

세계최대 생체시장 중 하나인 인도는 지문과 홍채 중심의 생체인식 시장이 형성되어 있고, 특히 인도는 정부에서 주도하는 생체인식 신분증 사업인 아드하르(Aadhaar) 프로젝트가 진행 중에 있다.

이러한 대형 생체시장 인도에 이리언스는 인도의 대형 보안솔루션 및 생체인식 제품 제조사인 M사가 생산하는 제품에 대해 이리언스가 보유하고 있는 홍채 알고리즘을 탑재해 성능테스트를 진행했고, 현재 가격 등을 조율 중에 있다고 밝혔다. 이번 성능 테스트의 내용은 M사에서 생산하고 있는 제품에 이리언스 알고리즘을 탑재해 인증속도와 타인 수용율, 본인 거부율 등 오인식 등에 대해 테스트를 진행하는 것이었다.

---

33) 병무청, 병역검사에 '홍채인식기' 도입, 충청일보, 2019
34) 홍채 인식기 첫 도입, 쌍둥이 신원확인 강화, 국방일보, 2019

M사에서도 생체인식 신분증 사업의 생체인식 단말기를 생산하고 있지만 이번에 진행하고 있는 성능테스트는 알고리즘 수출뿐만 아니라, 이리언스 홍채인식 알고리즘의 우수성을 알려 생체인식 신분증 사업까지 진행하는 것을 목적으로 하고 있다.

이리언스가 보유하고 있는 알고리즘의 수준은 오인식율이 수학적으로 10의 52승분의 1 이하이고, 10억명의 데이터에서 본인인증에 필요한 시간이 1초 이내로서 세계최대 생체시장인 인도에서도 흔히 접할 수 없는 알고리즘이다.[35]

③ 신한은행, 홍채인식 ATM기

신한은행이 국내 금융권 최초로 **홍채인식 현금자동출납기(ATM)를 개발**했다고 전했다.

신한은행은 홍채인식 ATM기에 대하여, 시선추적 기술 적용을 통해 예금입·출금, 계좌이체·송금, 예금조회 등 ATM이 제공하는 모든 은행 서비스를 화면 터치 없이 눈의 움직임만으로 자유자재로 사용할 수 있다고 덧붙였다.

이 기술은 기존에 운영하고 있는 일반 ATM 기기에 간단한 하드웨어 및 소프트웨어 추가 설치만 해도 기술을 구현할 수 있다는 장점이 있다. 신한은행 신기술 R&D랩은 신한 퓨처스랩 소속기업 비주얼캠프와 협업해서 2018년 상반기부터 기술 검토를 진행했다.

하반기 6개월 동안은 여러 차례의 개발단계를 거쳐 '신한 퓨처스랩 데모데이'에 시제품을 시연했다. 향후 서비스 정교화 및 고객 수요 파악 등의 절차를 거쳐 이르면 2019년도에 시범 설치를 진행할 계획이라고 밝혔다.

---

35) 이리언스, 세계최대 시장 인도에 홍채 알고리즘 수출, 보안뉴스, 2019

따라서 신한은행은 2019년 런칭 목표로 모바일 뱅킹 플랫폼 SOL(쏠)에도 시선추적 및 시선분석 알고리즘 적용을 다각도로 검토했다.

신한은행 관계자는 홍채인식(시선추척 기술 적용)ATM은 디지털 신기술을 적용한 따뜻한 금융의 실천사례라며 사회적 약자가 금융서비스에 편리하게 접근하고 이용할 수 있게 하기 위한 목적이 있다고 덧붙였다.[36]

④ 아이리시스, 홍채인식 보안USB 수출

국내 홍채인식기술 개발 전문 기업 아이리시스가 아랍에미레이트(UAE) 국방부에 **홍채인식 보안 USB**를 공급한다는 소식을 전했다.

아이리시스는 홍채인식 보안USB 외에도 홍채인식 출입통제장치, 안면인식 도어락 등을 상용화하여 독자 개발한 생체 알고리즘 및 퍼지 해싱 암호화 원천기술을 보유하고 있는 기업이다. 또한, KISA 인증 획득 및 FIDO(온라인 생체인증 국제표준)의 U2F/UAF 인증을 홍채인식을 이용한 인증기 부분 세계 최초로 획득한 바 있다.

한편, 홍채인식 보안USB는 최초 등록된 사용자의 홍채정보를 기반으로 작동되며 사용자의 홍채정보 없이는 저장된 정보를 열람할 수 없도록 개발되었다. 가령, 사용자가 USB를 분실하거나 제3자 임의로 사용하려고 시도해도 등록된 사용자의 홍채정보 없이는 저장된 정보를 열람·복사할 수 없는 것이다. 뿐만 아니라 이 USB은 배터리가 내장된 임베디드 타입으로 개발되어 있어, 윈도우, 안드로이드, 맥 등의 환경에서 별도의 소프트웨어 설치 없이 편리하게 사용할 수 있다.[37]

---

36) 신한은행, 눈만으로도 이용하는 현금자동출납기(ATM) 개발...홍채 인식, NFC 금융소비자 뉴스, 2018
37) [4차산업혁명] 국내 홍채인식 기술, 중동 시장 사로잡나, 일간투데이, 2019

UAE(아랍에미레이트) 국방부에 홍채인식보안 USB등을 공급하였으며 과학기술정보통신부 장관이 주최하는 '신소프트웨어상품 대상'을 수상해 그 기술력을 인정 받은 바 있다.[38)]

⑤ 씨엠아이텍, 홍채인식 보안기술

그림 38 씨엠아이텍(주) 로고
자료 : 씨엠아이텍

씨엠아이텍의 **'홍채인식'** 보안기술이 국내외 시장에서 호평을 받고 있다. 이 기술은 'EF-45' 홍채인식기로, 모조 눈 감지 알고리즘을 적용해 위·변조와 복제가 불가능하다. 씨엠아이텍은 이러한 홍채인식기 'EF-45'를 국내외 생체인식 출입통제 시장에 확대 공급하고 있다고 밝혔다.

생체인식 보안기술 중 얼굴인식기는 타인으로 인증할 확률이 1만명 중 1명인데 반해, 홍채인식기는 타인 수락률이 100만명 중 1명으로 양안을 인증하는 EF-45는 확률이 1조분의 1로 압도적으로 낮다.

EF-45 홍채인식기는 타사 생체인증방식보다 홍채인식 보안성이 뛰어나고 복제가 불가능해 보안등급이 높은 생체인식 출입통제 시장에서 적용사례가 늘고 있다. 2016년 말 출시 후 2년여 간 국내외 시장에서 호평을 받고 있으며, 현재 콜롬비아 공항, 터키 수용소, 싱가포르 이민국 등에서 사용 중이며 최근에는 인천공항공사 시범사업에 공급되고 있으며 법무부에서 설치돼 운영 중이다.

---

38) 아이리시스, 코맥스에 '얼굴인식 모듈' 공급 계약, 글로벌이코노믹, 2021

씨엠아이텍은 2017년 초 출시한 출입통제·근태관리용 통합 소프트웨어(SW) 솔루션 'CMID Manager V2'로 출입통제시스템에서 요구되는 고급 기능을 지원한다. EF-45와 연동해 관리자가 PC환경에서 근태관리 리포트, 식수관리, 노무자관리 등 다양한 지원업무를 편리하게 수행할 수 있다.[39]

또한, 보안 등급이 높거나 눈 이외의 모든 생체인식이 불가능한 특수 산업을 타깃으로 한 '홍채+얼굴' 인식 방식의 멀티모달(Multi-Modal) 제품을 개발했다. 이는 기존 홍채인식 제품보다 편리하고 보안을 강화할 수 있는 장점이 있다.[40]

3) 얼굴 인식 산업

(1) 얼굴 인식 시장 전망

물리 보안업계의 주요 사업 중 하나인 출입통제 시장에서 얼굴인식이 대세가 되고 있다. 기존 출입증보다 보안성이 높은 것은 물론, 경쟁 바이오 인식인 지문, 홍채보다 편리하고 위생적이라는 장점 때문이다. 보안의 중요성이 갈수록 확대되고 있어 출입통제시장에서 상대적으로 안전한 얼굴인식의 비중이 더욱 확대될 것으로 전망된다.

정부는 서울·과천·대전·세종 등 4개 정부청사에서 얼굴인식 시스템을 전면 도입하고 시범 운용에 들어간 상태다. 이는 공무원 시험 준비생의 서울청사 무단 침입 사건 발생에 대한 정부의 후속조치다. 기존 출입증 시스템에서 나타날 수 있는 '출입증 도용'의 문제를 정부가 인식한 셈이다.

기업들의 얼굴인식 시스템 도입도 확대되고 있다. 국내 얼굴인식 시장은 201

---

39) 씨엠아이텍, 홍채인식기 'EF-45' 국내외 호평… "생체인식 보안시장 1위 목표", 전자신문, 2019
40) [생체인식&출입통제 대표기업 2022년 출사표-4] 씨엠아이텍, 보안뉴스, 2022

5년 869억원 규모였던 얼굴인식 시장의 규모는 연평균 성장률 11%로 2023년
에는 2070억원까지 확대될 것으로 전망되고 있다.

얼굴인식이 가진 장점은 보안성과 편의성을 두루 갖췄다는 점이다. 출입증 인
증 방식은 그동안 가장 널리 쓰여 온 출입통제 방식이지만, 외부인의 출입증
도용에 대한 위험이 늘 상존하고 있다. 얼굴인식은 위조가 불가능하고, 근거리
에서만 작동 가능한 홍채 인식보다 편리하기 때문에 사용자 친화적인 인증 수
단으로써 주목 받고 있다는 분석이다.

얼굴인식은 '얼마만큼 빨리 정확하게 얼굴을 인식하느냐'가 핵심이다. 정확도
가 떨어지면 비인가자가 출입의 우려가 있고 인식속도가 느리면 출퇴근 시간
에 출입게이트에서 정체가 발생할 수 있기 때문이다.

이에 따라 보안업계는 얼굴인식의 정확도와 속도를 높이기 위한 제품 개발에
주력하고 있는 모습이다. 에스원은 '2017 세계보안엑스포(SECON)'에서 '얼굴
인식 워크스루(Walk-thru) 게이트'를 공개했다. 이 제품은 스피드 게이트 앞
에서 멈춰 서지 않고 걸으면서 얼굴인식을 통해 보안 관리를 하는 시스템이다.
기존 제품은 얼굴인식을 위해 1~2초가량 시간이 필요했지만, 이 제품은 0.6초
만에 통과가 가능하다는 게 회사 측 설명이다.

ADT캡스의 얼굴인식기(FR-800ID)는 카메라에 얼굴을 비추면 1초 이내에 인
증 후 출입할 수 있다. 출입통제, 근태, 신원확인, 금융거래 시스템 등 보안인
증은 물론 사건 및 사고 발생 시 범죄 용의자를 검색하는 모니터링 목적으로
활용할 수 있다.

KT텔레캅은 스피드 게이트에 얼굴인식 보안시스템 '페이스캅 2'를 적용하고
있다. 페이스캅2는 얼굴을 약 8000개의 셀로 구분하고 개인별고유의 얼굴특징

을 입체적으로 분석하고 저장해 보다 정확한 인식이 가능하다. 또 최초 인식 후 변화되는 얼굴값을 자동으로 학습하여 안경착용이나 나이 등 얼굴 변화에 관계없이 인증이 가능하다.

국내뿐만 아니라 해외에서 역시 얼굴인식 산업을 위한 다양한 실험에 착수하고 있다. 대표적 사례가 구글의 '핸즈 프리(Hands Free)'와 알리바바의 '스마일 투 페이(Smile To Pay)'이다.

먼저, 구글의 핸즈 프리 프로그램은 2015년도 I/O 컨퍼런스에서 공개된 파일럿 프로그램이다. "구글로 결제 할게요(I'll pay with Google)"라고 계산원에게 말하면 물리적인 형태의 결제 수단 없이 결제를 할 수 있는 방식을 취하고 있다.

미국 샌프란시스코 사우스 베이 지역에서 맥도날드와 파파존스 등 일부 상가와 음식점을 대상으로 시험 운영되었던 이 프로그램은 소비자들이 핸즈프리 앱을 설치하면 블루투스와 와이파이, 스마트폰의 위치 정보 등을 이용해 근처에 있는 핸즈프리 가맹점을 알려준다. 가맹점에서 소비자들이 구글로 결제하겠다고 밝히면 가게 점원은 소비자들에게 앱을 설치할 때 올린 사진 정보와 이름의 이니셜로 신원을 확인하는 방식이다.

구글은 이 핸즈프리 서비스에 시각 인식 시험을 병행하고 있다고 밝혔는데, 가게에 설치된 카메라가 자동으로 소비자의 얼굴을 확인하고 핸즈프리에 입력된 프로필 사진과 비교해 신원을 확인하는 방식으로 편의성을 한 단계 높인 것이다. 구글은 이 카메라에 잡힌 모든 이미지는 즉각 삭제되고 결제에 이용된 은행 계좌 정보도 저장되지 않는다고 밝혔으며 현재 더 많은 사람들과 상점을 대상으로 핸즈프리를 확산시키기 위해 파일럿 테스트는 철수된 상태이다.

중국 최대의 전자상거래 업체 '알리바바' 역시 얼굴 인식 산업에 동참했다. 독일 하노버에서 열린 전자통신박람회 '세빗(CeBIT) 2015'에서 발표한 '스마일 투 페이' 프로그램이 바로 그것이다.

스마일 투 페이는 스마트폰으로 물건을 살 때 모바일 결제 앱 알리페이가 사전에 등록해둔 얼굴 사진과 구매자의 얼굴을 비교한 뒤 일치하면 결제가 진행되는 방식이다. 알리바바는 '스마일 투 페이'(Smile To Pay)라는 이름의 이 서비스를 모바일 지갑 서비스인 '알리페이 월렛'에 적용해 중국에서 우선 선보일 계획이지만, 상용화 일정은 아직까지 밝히지 않고 있다.

(2) 얼굴 인식 기술 동향

얼굴 인식은 영상 전체에서 얼굴이 어디인지 구분해내는 얼굴 영역 추출 과정과 찾아 낸 얼굴이 누구의 얼굴인지 감별하는 얼굴 인식 과정으로, 크게 두 가지 단계로 나뉜다.

먼저, 얼굴 영역 추출은 얼굴을 인식하기 위한 필수적인 사전 처리 과정이다. 얼굴과 배경을 구분하기 위해 밝기, 움직임, 색상, 눈 위치 추정 등의 정보를 이용하는데 다양한 변수 때문에 한 가지 정보만으로는 정확한 추출이 어렵다.

예를 들어 명암 차이를 이용하는 경우, 얼굴과 배경의 밝기 값이 서로 크게 차이가 나면 쉽게 구분할 수 있지만 서로 유사한 밝기 값을 갖거나 배경에 여러 색이 뒤섞여 있으면 엉뚱한 영역까지 얼굴로 인식된다. 얼굴 영역 추출은 주로 디지털 카메라에서 피사체의 얼굴에 사각형 모양의 감지 영역이 생겨 자동으로 보정해주는 기능으로 사용한다.

얼굴 인식 과정에서도 다양한 연구가 진행돼 왔다. 이 중 얼굴의 주요 부분인 눈, 코, 입의 거리와 모양으로 얼굴을 판별하는 방법은 반드시 각 부위를 정확히 추출해야 한다는 어려움이 따른다. 만일 안경, 모자, 머리카락 등이 이목구비를 가리면 정확한 판별이 힘들어진다. 또한 해당 인물의 얼굴을 찍은 영상을 다수 보유하고 있는 상황에서 새로운 얼굴영상이 들어오면 픽셀 값을 비교해 최종적으로 신원을 확인하는 방법도 있다.

얼굴 인식 기술은 연구 개발을 시작한 지 40년 정도 경과했으며 초기 에지 검출(Edge detection) 방법에 따른 분석에서 출발한 인증 기술은 통계적 기법이나 화상 표현의 발전에 따라 일반적으로 다음과 같은 작업으로 구성한다.

(a)영상 내에서 얼굴 검출

(b)얼굴의 눈, 코, 입 위치나 모양을 통한 인식

(c)얼굴 영상에서 표정 등 외면으로 드러나는 모습(Appearance)의 정규화

(d)적절한 특징량(Feature value) 선택

(e)인식 능력이 좋은 변별 인자(Discriminative Factor, DF)의 조합

(f)정확하고 확장성(Scalability)이 높은 조합 체계

다양한 가변 요인에도 (b)에서 (f)까지를 어떻게 실시하는지에 따라 얼마나 견고하게 얼굴을 인식하는지가 결정된다. 특히 얼굴 인식 모델링 연구 실험에서는 얼굴 인식 기술에서의 가장 큰 과제인 조명의 변화를 생각해야 된다.

극히 짧은 시간에 조명을 전환하면서 실험자의 얼굴을 촬영하며 일반적으로 변화에 강한 에지 정보나 인간의 뇌상에 있는 초기 시각 피질(Visual Cortex) 세포에 가까운 반응의 2차원 가보 필터 Gabor filter를 응용해 연구를 했다.

하지만 조명 변화의 불변에 있어 일반적으로 조명의 양이 각 이미지의 얼굴에 고르게 분포하지 않아 얼굴의 좌우 화상의 평가 결과 조명 분포의 조합 비

율이 20%에 달해 이론·실무적 면에서 연구 대상의 접근에 성공했다고 말하기 어렵다.

 조명의 변화에 대한 화상 에지가 없는 것을 직관적으로 알 수 있다. 따라서 화상 에지의 정확한 검출을 위해서는 얼굴 인식 대상의 특성을 고려하고 주변의 조명이나 밝기 변화 때문에 생기는 벡터의 오류를 방지하는 것이 매우 중요하다.

 또한 인식 과정을 진행하기 전에 테스트 이미지를 가장 인식에 적합하도록 만드는 전 처리 과정을 수행하지만 그 과정이 모든 환경에 적합할 수는 없다. 그렇기에 외부의 환경 변화가 발생하기 전까지 높은 성능을 발휘하던 인식 시스템이 빛의 반사나 조명과 같은 환경의 변화 후에 성능이 많이 떨어져 쓸모없게 되는 경우가 종종 발생하고 있다. 이에 더욱 환경변화에 강건한 얼굴 인식 시스템 개발이 필요하다.

 조명 변화에 따른 얼굴 인식 연구도 계속되어 왔다. 2D 영상 이미지를 인식하는 데 있어 카메라의 설치 공간 및 설정 상황에 따라 밝기, 명암, 빛의 방향 등과 같은 인식의 성능에 영향을 끼치는 요소들은 매우 많이 존재한다. 이처럼 얼굴 이미지 촬영 시 반드시 고려해야 할 사항에는 카메라 · 얼굴 · 조명의 3요소가 필요하다.

 그러나 이런 연구에서는 얼굴 촬영에 영향을 주는 조명이 얼굴에 직접 빛을 가할 경우 빛의 열복사와 자연 발광의 태양, 전구 · 형광등과 같이 인공적으로 만들어 낸 빛 등의 빛의 산란까지 고려하지 않으면 영상 내 얼굴 이미지의 변화를 검토할 수 없다.

 즉, 얼굴의 음영에 직접 영향을 주는 조명의 변화는 얼굴을 둘러싼 모습의 변화 그 자체이며 무한대의 자유도(Degree of Freedom)가 있는 것을 알 수 있다. 여기서 인식 대상 물체가 얼굴인 것을 고려해 얼굴 인식 감지 방법을 3가지로 분류했다.

> (a)등록 인물을 다양한 조건 아래에서 촬영한 다음 여러 장의 얼굴 이미지를 등록
> (b)변화 요인에 대응하기 위해 등록 인물에 대한 정보 또는 모델을 등록
> (c)일반적인 얼굴 모델에 기초를 두고 등록 인물의 변화 요인을 확인

(a)는 등록 이미지마다 조명을 변화시켜 촬영한 다음 여러 장의 이미지를 등록하는 가장 간단한 방법이다. 우선 컴퓨터 그래픽으로 조명에 의한 얼굴의 피부 반사 특성을 고려해 빛의 산란을 나타냈다. 볼록한 형태로 이뤄진 집합체 중 단위 법선 벡터를 n, 반사율은 λ. 또한 점광원(Point source of light)을 가정하고 그 조명 방향의 단위 벡터를 L, 조명 강도를 l로 정했다. 빛의 산란을 카메라로 관측했을 때 단위 면적 당 반사광 강도는 카메라의 위치나 얼굴 위치에 상관없이 일정하게 λ×l×max(n · L,0)이 된다.

여기에 어태치드 섀도Attached shadow를 표현하기 위해 max 함수를 무시하면 조명이 어디에 몇 개 있든 조명 변화에 의한 이미지 상의 변화는 3차원의 선형 부분 공간에서만 나타난다. 즉, 어두운 조명 조건에서 촬영한 이미지를 적절한 중량감으로 선형화하게 되면 조명 변화를 무시해 얼굴 인식이 가능하다는 것을 알았다.

실험의 한 예로 기존에 발표한 문헌을 참고해 다양한 얼굴 각도에서 조명의 변화를 줘 촬영한 얼굴의 3차 형상과 표면 반사율을 측정해 등록할 데이터를 생성했다. 이에 화상 패턴의 변화 요인에 따라 모델 베이스의 방법을 훌륭하게 조합하는 것이 중요하다.

Ⅰ. 얼굴 표면 전체를 표현할 수 있는 실 좌표를 채용해 각 좌표 위치에서의 조명 변화 성분을 얼굴 위치에 상관없이 포괄적으로 산출한다.

Ⅱ. 다수의 점광원에 있어 각 얼굴 좌표 위치의 밝기를 빛의 산란 특성 가정으로 산출한다.

Ⅲ. 다수의 조명 변동에 대해 특이값 분해를 적용해 조명 변동을 설명하기 위한 기본(GIB: Geodesic Illumination Basis)을 요구한다.

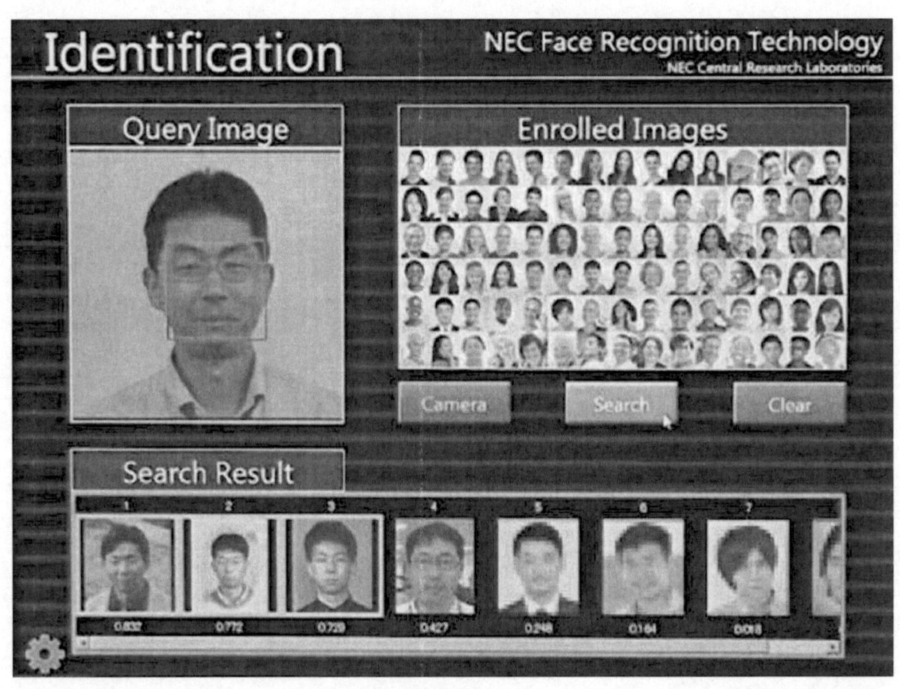

그림 39 NEC의 얼굴인식 시스템 화면
자료 : NEC

이 방법은 매우 간단해 보이지만 저장된 영상과 일일이 비교해야 하는 만큼 계산량이 지나치게 커져서 실용성이 낮았다. 또한 표정, 각도, 조명 등의 변화에 따른 각각의 영상이 모두 필요하기에 데이터 보유량도 상당히 높았다. 그러나 점광원의 이미지 변화를 200 이상으로 늘려도 일종의 저역 필터(Low pass filter)로써 GIB의 저차성분低次成分에 영향을 최소화해 엄청난 계산량을 요구하지 않는 것으로 나타났다.

이에 화상 상에 있어 중첩의 원리 구성과 성립을 생각하면 GIB에 의해 변형된 선형 부분 공간은 샘플로 주어진 다수의 점광원의 조합을 거의 커버하고 모든 조명 변화에 대응할 수 있다고 생각한다.

얼굴 인식 기술 방법으로는 정면 얼굴 인식, 측면 얼굴 인식, 임의의 방향에서 얼굴 인식 방법이 있으나 정면 얼굴을 대상으로 인식하는 방법이 가장 인식률이 높다. 이에 정면 얼굴 이미지에 다양한 각도의 조명을 가세해 촬영한 7만 2000장의 이미지를 이용한 실험을 통해 얼굴 인증 일치 비율 96.5%로 매우 높은 조명 변화 성능 기술을 확보했다.

 2010년 6월에 실시된 미국 국립표준기술연구소(NIST)의 바이오 인식 기술 평가 프로그램(Multiple Biometric Evaluation)에 있어 1993년부터 2010년까지의 평가 결과를 보면 해마다 갈수록 인증 정확도는 향상했다. 특히 비자에 등록한 얼굴 사진이면 본인 거부율은 0.3%까지 도달했으며 비자 얼굴 이미지에 있어 본인 거부율은 다른 참가 조직에 비해 거의 1자리의 높은 성능을 가지고 있다. 또한 실제 범죄 기록으로부터 추출한 160만 명분의 얼굴 화상을 이용한 평가에서 92%로 검색률 1위라고 하는 높은 검색 정확도를 달성했다. 아울러 160만 명의 검색에 필요한 시간은 이미지 1장당 약 0.4초로 고속으로 동작한다.

(3) 주요 국내외 기업 현황

① NEC

 NEC Corporation 또는 닛폰 전기 주식회사는 일본 도쿄 도 미나토 구 시바에 본사가 있는 스미토모 그룹의 전자 기업이다. 일본 내에서의 약칭은 NEC로 더 널리 알려져 있으며, 일본 이외 국가에서는 정식 명칭으로도 약자 NEC를 쓰고 있다.

그림 40 NEC Corporation 로고
자료 : NEC

NEC는 주력 사업인 사회 안전 분야에서 세계시장을 주도하고 있으며, 당사의 강점인 얼굴인식기술을 통해 영국에서 열린 세계적 이벤트 테러 용의자를 발견해 체포하는데 공헌하기도 했다.

NEC Corporation(NEC; TSE: 6701)의 발표에 따르면, NEC의 얼굴인식 기술이 최근 미국국립표준기술연구소(National Institute of Standards and Technology, NIST)가 실시한 Face in Video Evaluation(FIVE) 평가에서 가장 높은 성능 점수를 획득했다고 한다. 평가 결과는 NIST의 '기관협력 보고서(NIST's Interagency Report) 8173: Face In Video Evaluation (FIVE) 비협력적 대상의 얼굴인식'을 통해 발표됐다.

NEC의 기술은 2009 Multiple Biometric Grand Challenge (MBGC 2009), 2010-2011 Multiple Biometrics Evaluation (MBE 2010-2011), 2013 Face Recognition Vendor Test (FRVT 2013) 등을 포함해 연속 4회 1위를 차지했다.[41]

이러한 NEC의 기술은 공공분야 외에도 자국 내 문화 영역에까지 그 영향을 끼치고 있다. 일본 아이돌 걸그룹 '모모이로클로버Z'는 콘서트에서 게이트 앞

---

41) [AsiaNet] NEC의 영상 얼굴인식 기술, NIST 테스트에서 1위 차지. 연합뉴스. 2017

에서 카메라를 응시한 상태에서 흰색의 QR코드 리더기가 회원증을 확인해 티켓을 발권하는 방식으로 이뤄졌다. 처음으로 얼굴인식을 도입해 입장객을 확인한 것이다.

콘서트에 도입된 얼굴인식 시스템의 과정은 간단하다. IC 카드가 내장된 회원카드를 이용한 사물인터넷(IoT) 시스템으로, 입장 게이트에 설치된 기기에 얼굴을 대기만 하면 티켓이 인쇄돼 바로 입장할 수 있게 돼 있다.

실제 콘서트에 다녀온 관객에 따르면 기존에 1시간 이상 걸리던 대기 시간이 크게 줄어 원활한 입장이 가능했다고 한다. 이 시스템의 도입으로 일본에서 성행하고 있는 고가의 암표 거래가 방지와 입장 대기 시간 단축이란 두 마리의 토끼를 한 번에 잡을 수 있었다는 평가다.

NEC의 얼굴인식 기술은 계속해서 발전을 거듭하고 있다. 싱가포르에서 열린 보안 전시회 '인터폴 월드 2017'에서는 인공지능(AI)을 이용한 안면인식 기술을 선보였다. 많은 마스크 영상과 진짜 얼굴을 인공지능에 학습시켜 피부의 질감 차이 등을 기억시킴으로써 마스크와 진짜 얼굴을 확실히 구분할 수 있는 기술을 구현한 것이다.

② 퍼스텍

그림 41 퍼스텍(주) 로고
자료 : 퍼스텍(주)

국내 최초로 모바일 안면인식 시스템 '비전모바일'을 개발한 퍼스텍은 1975년 9월 창립된 방위산업전문업체로 유도무기, 지상무기 분야를 비롯하여, 항공·우주사업, 무인화사업 및 얼굴인식 보안솔루션 등 방위산업과 민수사업을 수행하고 있다. 방산부문에서 국내 방위산업 및 항공우주사업의 핵심부품에 대한 기술개발 및 품질, 생산성 향상에 주도적인 역할을 하고 있다.

주요재무정보	최근 연간 실적				
	2016.12	2017.12	2018.12	2019.12	2020.09
매 출 액	1,513	1,620	1,316	1,263	953
영업이익	5	11	-224	-46	15
당기순이익	-4	38	-356	-104	35
총 자 산	2,023	1,972	1,607	1,821	1,862
총 부 채	1,277	1,164	1,212	1,548	1,506
총 자 본	747	807	395	272	357

표 13 퍼스텍 최근 연간 실적(단위:억원)

퍼스텍은 안면인식 프로그램을 정부기관과 일부 대기업을 비롯해 제주공항에 이미 공급해 운영 중이다. 퍼스텍의 제품은 모자를 쓰고 있어도 얼굴 인식 과정에서 장애물이 되지 않는다는 것이 가장 큰 특징이다. 최근 IT기기 제조업체들이 관련 서비스를 도입함에 따라 퍼스텍도 핀테크 관련 금융권과의 본격적인 상용화에 나서는 것으로 분석되고 있다.

'세계보안엑스포(SECON) 2017'에서는 얼굴인식 기반의 실시간 출입통제용 시스템과 최근 보안 중요성이 높아지고 있는 모바일 분야 보안제품을 선보였다.

퍼스텍이 소개한 얼굴인식 기반의 출입통제용 시스템은 국내기업으로는 처음
으로 제주공항에 공급한 얼굴인식 시스템인 '비전 서베일런스
(Vision-Surveillance)'와 3D 카메라와 적외선 프로젝터를 이용해 위·변조 여
부를 판단할 수 있는 3차원 얼굴인식 출입통제기 '비전 게이트 3D(Vision
Gate 3D)'다.

비전 서베일런스는 다수가 모여 있는 공공장소의 CCTV로 특정인물을 찾아낼
수 있고 특별한 접촉이나 행동 없이 실시간으로 영상 속 얼굴검출 및 비교가
가능한 것이 장점이다.

퍼스텍은 비전 서베일런스를 공항에 적용된 실제 키오스크(KIOSK) 형태로 제
작, 이를 스피드 게이트(Speed-Gate)와 연동해 참관객이 직접 얼굴인식 시스
템을 체험할 수 있게 했다.

또한, 비전 서베일런스 외에도 '비전 모바일(Vision-Mobile)'을 전시했다. 비

그림 42 '비전 서베일런스(Vision-Surveillance)'가 적용된 시큐리티 게이트형
얼굴인식 단말기
자료 : 퍼스텍, 'SECON 2017'에서 국내 공항에 도입된 얼굴인식 솔루션 소개,
보안뉴스, 2017

전 모바일은 모바일 어플리케이션을 통해 금융결제와 스마트폰의 잠금 설정 및 해제 등이 가능하고 본인의 얼굴 정보를 직접 관리할 수 있는 모바일용 얼굴인식 시스템으로, '언제 어디서나 사용 가능한 보안 제품'이라는 슬로건으로 소개되었다.

③ 파이브지티

그림 43 ㈜파이브지티 로고
자료 : 잡코리아

파이브지티(FiveGT)는 2012년 설립되었으며, 얼굴인식사업 분야, 소방제품 분야, 능동소음제어 분야, 엔지니어링분야, 산업디자인분야 등 크게 5가지의 사업을 진행하고 있다. 다양한 기술과 특허를 기반으로 사업 영역을 확장해 나가고 있으며, 그 가운데 특히 얼굴인식 보안 제품의 경우 우수한 기술력과 보안성을 인정받아 주요 언론들에 소개되었고, ADT Caps와 제휴하여 제품을 납품 하고 있다.

파이브지티에서 주력으로 생산·서비스하고 있는 '유페이스키 플랫폼'은 열쇠가 단순히 문을 열고 닫는 기능만 한다는 고정관념을 탈피해 즐겁고 소통하는 보안 문화를 만든다는 포부를 담고 있다. 가령 학교에서 아이가 집에 잘 도착했는지 확인할 수 있도록 얼굴인식으로 문이 열리면 스마트폰으로 그 정보가 바로 직장에서 일하고 있는 부모님에게 전송되는 식이다.

또 고향에 계신 부모님의 외로움을 덜어주기 위해 문이 열리면 손자의 녹음된 목소리가 나오거나 바로 통화도 할 수 있게 하는 'UI'집사와 같은 역할을 한다.

파이브지티는 출입통제 시스템을 필요로 하는 오피스 시장과 더불어 일반 가정 시장 개척과 금융권 공급에도 집중하고 있다. 부산 아시아드 코오롱하늘채 아파트에 자사 얼굴인식 출입문 보안시스템인 유페이스키를 유상 선택옵션으로 제공하고 있으며, 구기동 빌라, 경기 용인 광교산 한양수자인 더킨포크, 2018년 하반기 완공 예정인 경북 포항 대잠동 포항자이, 서울 청담동 고급 오피스텔 청담 아노블리81 등에 자사 시스템을 공급했다.

뿐만 아니라, 2016년부터 KEB하나은행 PB센터에 얼굴인식 보안로봇 '유페이스키(Ufaceky)'를 공급해 등록된 VIP 고객들만 출입이 가능하도록 하고 있다. VIP 고객이 안내데스크에서 유페이스키를 이용해 얼굴과 사용자 정보를 등록하면 유페이스키를 통해 1초 내로 인증이 가능하며 지난 출입기록 확인까지 가능해 철저한 보안과 출입관리가 가능하다.

2019년에는 광주광역시 동구 소태동 일대의 아파트에 얼굴인식 보안로봇 '지페이스봇(Gfacebot)'을 공급했다. 지페이스봇은 단순한 현관 잠금장치가 아니라 스마트홈 얼굴인식 보안 로봇으로 AI 딥러닝 기술을 적용했다. 출입자의 로그기록이 실시간 저장되고 어두운 환경에서도 적외선 카메라를 통해 얼굴 인식이 가능하며 미등록자가 인증을 시도할 경우 얼굴을 촬영하고 저장 후 스마트폰으로 전송되기까지 하여 범죄 예방의 기능도 있다. 외출 중에도 스마트폰 애플리케이션을 이용하면 외부에서 방문자의 얼굴을 확인하고 출입문을 열어줄 수 있다.[42]

(4) 얼굴인식 시장 최근 이슈

---

42) 파이브지티, 광주에 첫 얼굴인식 보안로봇 공급, 로봇신문, 2019

① 넷온, AI 안면인식 CCTV 개발

넷온은 안면 인식을 기반으로 한, 통합 관제용 CCTV 솔루션과 무인 키오스크, AI 기반 사물 인식 시스템을 개발하는 안면 인식 전문 기업이다. 2017년 창업하여, 넷온만이 가진 안면 인식 기술로 급성장하고 있다. 특히 넷온은 **AI 안면인식 기술을 기반으로 CCTV** 영상에서 미아, 치매노인, 실종자, 위험인물 등을 곧바로 검색할 수 있는 차세대 CCTV 서비스를 개발해 관련업체들로부터 러브콜을 받고 있다.

AI 안면인식 기술은 특정인을 발견한 카메라 위치 확인은 물론 인물 캡처도 가능하다. 피사체 안면을 99.8%의 정확도로 인식할 수 있다. 카메라 성능에 따라 15m에서도 여러 각도로 안면을 구분할 수 있다.

넷온의 기술력은 정부청사, 공항, 항만 등 높은 수준의 보안이 요구되는 곳의 출입관제 시스템에도 활용이 가능하다. 최근에는 기존의 지문, 홍채인식에 비해 빠르고 편리한 안면인식 기술을 활용하려는 건설사의 관심이 높아지고 있기 때문에 아파트 출입관리 시스템으로 높은 인식률과 빠른 처리속도를 갖추며 비접촉으로 위생적인 측면까지도 고려된 안면인식 시스템을 도입하는 건설사의 관심이 증가하고 있다.

한편, 넷온은 안면인식을 기반으로 하는 무인 키오스크 시스템을 PC방이나 빨래방, 무인슈퍼 등에도 설치하고 있다. 이와 같은 안면인식 키오스크 시스템은 영세 자영업자의 영업비용을 절감하는데도 한 몫을 하고 있다. 또한, 안면인식 무인 키오스크는 청소년들을 유해 환경에서 보호하고 범죄예방에 기여할 것으로 보인다. PC방 업주들은 오후 10시에 별도 영업종료시간을 공지하지 않아도 되고 도난걱정이 사라졌다고 언급했다.[43)44)]

---

43) 스마트 시티 보안의 시작과 끝 '안면 인식 솔루션', cctv뉴스, 2019
44) 'AI 안면인식 개발' CCTV로 미아·실종자·위험인물 즉시 검색 가능, 전남일보, 2019

② 한림대의료원, AI활용 안면인식기술 도입

한림대의료원이 **국내 의료기관 최초로 AI활용 안면인식기술을 도입**했다고 밝혔다. 이 기술은 병원 내 각종 검사 및 수술 시 환자 신원확인에 사용될 예정이다.

한림대의료원은 AI 안면인식기술을 현재 의료원 모바일앱을 통해 교직원 신원확인에 활용하고 있는 상태이며, 이를 금년(2019년도) 안에 수술실 및 주요 검사실에 도입, 환자들의 신원확인이 가능하도록 확대 적용한다는 것이 구체적인 계획이라고 언급했다.

안면인식 시스템은 최초 사진촬영을 통해 눈.입.콧구멍.턱 사이의 각도와 거리, 뼈의 돌출 정도 등 얼굴의 특징점을 추출해 저장하며, 이후 안면인식을 활용한 신원확인 시 인공지능을 활용해 데이터베이스 내 자료와 비교해 확인하는 시스템이다.

이번 안면인식시스템 중 촬영된 얼굴의 특징점을 0.3초만에 정형화된 틀로 만들어 인물정보와 함께 데이터베이스에 저장하는 기술은 생체인증 솔루션 기업인 ㈜네오시큐의 기술이 도입됐다.

이후, 한림대의료원 정보관리국은 실제 안면인식 시 저장된 얼굴의 정보를 인공지능을 활용해 실제 얼굴과 비교해 일치여부를 판단하고 인물정보를 불러오는 기술을 자체 개발했다고 밝혔다.[45]

③ **한컴MDS-中 센스타임, 안면인식 시장 진출 협력**

---

45) 한림대의료원, AI 활용 안면인식기술 도입, 의학신문, 2019

한컴MDS가 중국 인공지능(AI) 안면인식 기업인 '센스타임'과 파트너십 계약을 체결했다는 소식을 전했다.

중국 센스타임은 기술력을 바탕으로 딥러닝 알고리즘을 자체 개발, 컴퓨터 비전(컴퓨터를 통해 인간의 시각적 인식 능력을 재현하는 AI 분야)과 딥러닝(신경망을 기반으로 스스로 학습하는 컴퓨터) 기술을 기반으로 알고리즘을 공급하는 세계적인 AI 플랫폼 기업이다. 퀄컴, 알리바바그룹을 비롯해 중국 최대 가전유통업체 쑤닝그룹 등으로부터 대규모 투자를 유치하며 기업 가치가 60억 달러(6.6조원)에 달하는 유니콘 기업이다.

센스타임의 AI 기술은 보안, 금융, 스마트폰, 로봇, 자동차 등 여러 산업 분야에 적용될 수 있으며 퀄컴, 엔비디아, 혼다, 화웨이, 차이나모바일 등 700여 개의 파트너사 및 고객들을 보유하고 있다. 실제 중국 광저우에서는 안면인식 기반의 지능형 감시 시스템을 활용해 범죄 용의자를 실제로 검거한 사례가 있으며, 국내 증강현실 카메라 애플리케이션 스노우(SNOW)의 얼굴인식 기능에도 센스타임의 기술이 적용됐다.

한컴MDS 관계자는 이번 파트너십 계약 체결에 관하여, 센스타임과의 협력을 통해 추후 운전자 모니터링 시스템, 지능형 통합 관제, 모바일 엔터테인먼트, 스마트 매장 운영 시스템 등 다양한 분야에서 활동할 계획을 언급했다.[46]

④ 슈프리마, 대규모 해외 수주 달성

슈프리마는 2003년 해외 시장에 업계 선도적으로 진출한 이래로 지속적인 성장세를 보이고 있는 기업으로 세계 각국에 얼굴 및 지문인식 제품을 대량 수주하면서 글로벌 비즈니스를 확장하고 있다.

---

46) 한컴MDS-中 센스타임, 인공지능 안면인식 시장 진출 협력, 아이티비즈, 2019

전세계의 데이터센터를 운영하는 다수의 기업에서 슈프리마의 출입통제 시스템에 대해 문의를 하는 상황이다. 최근 데이터센터의 보안 강화가 중요시되고 있고 펜데믹 시대에 전 세계인들이 만드는 데이터 양이 폭증함에 따른 것으로 보여진다.

지난 2016년 중동 법인을 설립한 후, 현지화 전략에 성공해 EMEA(유럽, 중동, 아프리카) 시장점유율 1위를 기록하고 있다. 최근 아랍에미리트(UAE) 국영 석유회사인 에드녹(ADNOC)에 페이스스테이션(FaceStation) F2 약 500대를 공급했고, 사우디아라비아의 과학기술정보통신부(NIC)에도 페이스스테이션 F2를 공급하는 등 중동 지역의 얼굴 인식 제품의 수요가 증가하고 있는 추세이다.

동남아시아 지역에서도 긍정적인 성과를 얻었다. 대만 푸첸그룹(Pou Chen Group)의 베트남 공장에 페이스스테이션 F2를 수주 및 필리핀의 국영 전력회사인 NGCP(National Grid Corporation of the Philippines)에 지문인식용 바이오엔트리(BioEntry) W2 약 800대의 공급계약을 체결했다.[47]

⑤ 구글 클라우드 비전 에이피아이, 남녀구별 사라진다

구글의 얼굴인식 인공지능인 클라우드 비전 에이피아이(Cloud Vision API)는 인공지능 기반의 이미지 인식 도구로, 기계가 데이터를 기반으로 스스로 학습해 더 정확하게 발전하는 기계학습(머신러닝)을 이미지 인식에 적용한 서비스다. 많은 글로벌 테크 기업들이 최근 가장 높은 관심을 보이고 투자하는 기술로, 몇몇 기업의 전유물로 여겨졌던 것을 구글이 외부 개발자들이 쉽게 활용할 수 있게 공개했다.

---

47) 슈프리마, 대규모 해외 수주 달성으로 글로벌 영토 확장 박차, 보안뉴스, 2022

구글은 클라우드 비전 에이피아이에서 남녀 구별을 없앴다. 구글 클라우드 비전 에이피아이는 사물을 식별하고 식별한 사진에 태그를 달아 기계학습에 활용하게 한다. 구글은 여기서 '남성(man)' '여성(woman)' 이미지 태그를 없애 겉모습으로 성별을 분류할 때 오는 오류를 없애기로 했다. 사람을 남성, 여성으로 분류한다는 것은 이분법적인 성 분류체계이며, 이분법적 성별에 들어맞지 않는 사람은 잘못 분류될 수밖에 없기 때문이다.

구글 포토, 애플 포토, 페이스북 등에서 얼굴인식을 통해 성별을 자동분류하는 기능이 있는데 성전환자의 경우 다른 사람으로 분류하며, 끊임없이 "이 사진이 당신인가요?"라고 질문을 던진다. 남성과 여성으로만 분류하는 인공지능 알고리즘이 성전환 수술을 거쳐 성적 정체성을 바꾼 사람들을 제대로 분류하지 못해 난처함을 겪는 사례도 보고된 바 있다. 이에 구글은 최근 수동태그 기능을 도입해 자신의 사진을 이용자가 직접 동일인으로 수동분류할 수 있도록 했다.48)

⑥ 애플, 안면 인식 기술 자동차에 접목

애플이 **'안면 인식'** 프로그램을 자동차에 접목하기 위한 특허를 출원했다. 주요 외신에 따르면, 애플은 2019년 2월 7일자로, 미국 특허청에 '차량 인증 시스템' 목적의 안면 인식 시스템을 특허 출원했다고 밝혔다.

이는 지난 2017년 아이폰 X에 선보여진 '페이스 ID(Face ID)'와 유사한 기술 원리를 지닌다. 애플은 차량의 도어 락 해제 및 안면 인식에 따른 차량 내 공조장치 설정 등 두 종류의 특허를 출원한 상태인 것으로 전해졌다.

안면 인식을 통한 도어락 해제는 자동차에 내장된 안면 인식 센서에 운전자의 얼굴을 인식시키는 방식과 함께, 아이폰에 내장된 센서로 차량의 도어락을

---

48) 구글AI 얼굴인식 '남성 '여성' 구분 안한다, 한겨레, 2020

원격 해제하는 두 종류의 기술로 분류된다.

 미국 CBS 등 해외언론에 따르면 애플은 자동차의 키와 리모콘 타입의 스마트키가 자동차 도난에 어느 정도 역할을 하지만 키 자체가 도난당할 우려가 있기 때문에 모바일 기기를 인증 프로세스에 이용하는 것으로 자동차의 방범 성능을 높이는 기술을 개발했다고 덧붙였다.[49]

 다양한 얼굴형을 자동차가 기억, 이를 통한 공조장치를 최적화하는 기술도 출원됐다. 이를 통해 시트포지션, 차량 내 온도, 주행 모드, 라디오 주파수 등 운전자의 성향에 따른 최적화가 가능하다는 점도 애플 측의 설명이다. 다만, 해당 기술의 상용화 까지는 다소 시간이 걸릴 것이라는 게 업계의 시각이다.[50]

4) 음성 인식 산업

(1) 음성 인식 시장 전망

전세계가 본격적인 음성인식 시대를 맞았지만 한국 기업들이 주도권 다툼에서 크게 밀리는 것으로 나타났다. 가전제품에 기능은 도입했지만 향후 시장을 주도할 플랫폼이나 생태계 경쟁에서는 이제 겨우 걸음마를 딛는 수준이기 때문

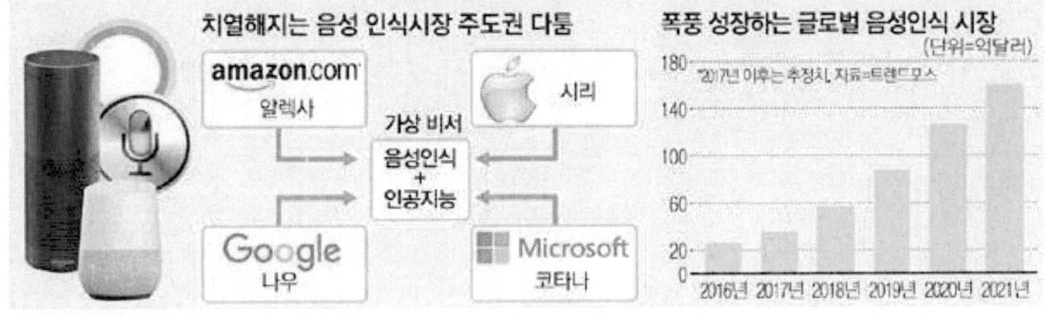

그림 44 음성인식 시장 성장률
자료 : 폭풍성장 음성인식... 밀려난 한국, MK News, 2017

---

49) [글로벌-Biz 24] 애플, 스마트폰 생체인식으로 차 잠금 해제 특허 출원, 글로벌 이코노믹, 2019
50) 애플, 안면 인식 기술 자동차에 접목 계획.."얼굴로 차 문 연다", 데일리카, 2019

이다.

글로벌 시장조사업체인 트렌드포스에 따르면 전 세계 음성인식 솔루션 시장은 5년 뒤인 2021년까지 159억8000만달러로 급성장할 것으로 전망됐다. 불과 5년 새 6배가량 폭풍 성장하는 셈이며, 연평균 성장률이 43.6%를 웃돈다.

전문가들은 사람의 음성명령을 인식해서 작동하는 가상비서 기능이 다양한 제품에 본격적으로 도입되면서 시장 성장을 이끌고 있다고 분석했다. 실제 미국 라스베이거스에서 열린 세계 최대 가전쇼인 'CES 2017'에선 인공지능과 결합한 음성인식 기술을 적용한 가전제품, 자율주행차가 쏟아져 나왔다. 가령 오늘의 날씨를 물으면 대답하고, 듣고 싶은 노래를 얘기하면 음악을 틀어준다. 여기서 더 나아가 인터넷 쇼핑이나 항공권 예약까지도 해줄 수 있을 정도로 발전했다.

(2) 음성 인식 기술 동향

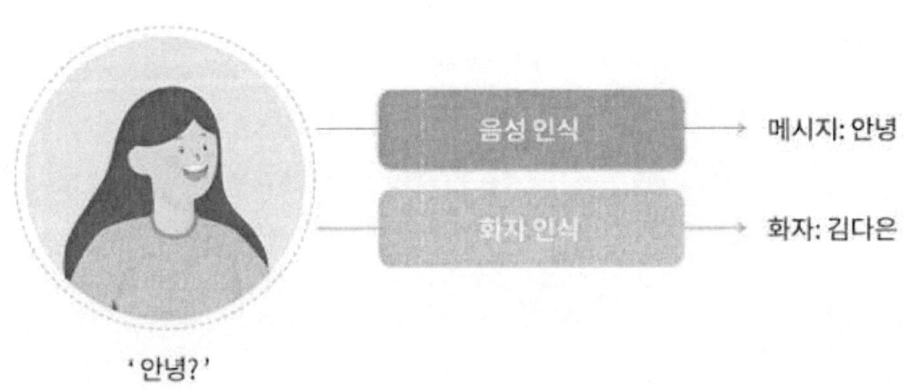

그림 45 음성인식과 화자인식
자료 : 스켈터랩스

음성인식 기술의 경우 크게 **음성 인식**과 **화자 인식**으로 나누어지게 된다.
음성인식은 어떤 사람이 이야기하든 불특정다수가 말한 '내용'을 알아듣는 것이다. 즉, 스피치 레커그니션(Speech Recognition)이라 한다. 예를 들면 운전 중 내비게이션을 조작하거나 집에서 리모컨이 없을 경우가 있다. 이럴 때 사용자가 말을 하면 목적지가 세팅되고, 원하는 음악이 플레이되면 어떨까. 이러한 것들이 바로 대표적인 음성인식 기술들이다.

반면, **화자인식**의 경우 '누가 이 이야기를 했는지'를 구분하는 것이다. 예를 들어 집 현관문을 연다면 주인만 열어줘야 할 것이다. 화자인증은 내 목소리만 알아듣고 인증을 해 주는 것이다. 최근 화자인식 기술이 활성화되려고 하는 분야는 금융권이다. '핀테크' 기술 등이 활성화되면서 화자인식, 지문, 얼굴, 홍채 등 바이오 정보를 보안에 적용하려는 시도가 늘어나고 있다. 화자인식 기술은 북미와 유럽을 중심으로 이미 많이 활성화되어 있으며 국내에도 이제 많은 관심을 보이고 있다.

초기 음성인식 기술은 "누가 이런 기기를 살까" 싶을 정도로 형편없었다. 2006년 MS가 윈도에서 선보인 음성인식 기술은 'aunt(숙모)'와 'mom(엄마)'도 구분 못했다. 2011년 애플이 선보인 '시리'도 처음에는 상당히 조잡했다. 음성인식률이 70~80% 수준이라고 했지만 체감으로는 절반도 이해하지 못하는 듯했다. 2012년 이후 머신러닝 기술이 음성인식 소프트웨어(SW)에 적용되면서 인식률은 크게 상승했다. 요즘 나오는 기기는 음성인식률이 95% 이상인 것으로 전해진다.

하지만 인식률만 극복한다고 해서 음성인식 서비스가 완벽해진다고 보긴 어렵다. 음성인식 기술이 탑재된 AI 비서가 세계 각 가정에 많이 공급됐지만 앞에 아마존의 에코처럼 실수하는 사례도 빈번히 발생하고 있다. 음성인식 기기가 주인의 음성을 정확히 파악하지 못한 게 주요 원인이다.

TV 소리를 제대로 알아듣지 못하거나 문맥을 잘못 이해하기도 한다. 천천히

또박또박 말하지 않으면 알아듣지 못하는 경우도 있다. 툭하면 "죄송하지만 그 질문에 대한 답을 갖고 있지 않다"고 답하니 사용자 입장에선 답답하다.

 사람마다 악센트가 다르고 방언을 구분하지 못하는 것도 문제다. 어린아이나 노인 목소리를 인식하지 못하고 소음이 있는 주변 환경이나 3m 이상 원거리에서는 음성 인식률이 급격히 떨어진다. 이를 극복하기 위해 기업들은 보다 방대한 데이터를 수집하기 위해 애쓰고 있다.

 전문가들은 현재 음성인식 서비스가 아직 완벽하다고 보긴 어렵지만 기술 발전 속도가 예상보다 빠르다고 입을 모은다. 정보통신산업진흥원 연구위원은 "5년 안에는 상당히 정확한 음성인식 서비스가 나올 것이라 기대한다. 인터넷도 처음엔 굉장히 속도가 느리고 불편했지만 지금은 완벽히 극복했다. 기술적 어려움은 시간이 해결해줄 문제"라고 말한다.

 다만 앞으론 기술 외적인 문제를 해결하는 것이 중요하다. 대표적인 것이 개인정보보호 문제다. 한국인터넷진흥원 정보보호R&D기술공유센터장은 "음성인식 기술이 활성화될수록 개인정보 유출 우려가 커질 가능성이 높다. 특정 시일이 지나면 기록을 삭제하는 등의 조치가 필요하다"고 말했다.

 음성인식 기술의 최종 종착지는 스스로 생각할 수 있는 AI 음성인식이다. "언젠간 나오겠지만 눈에 보이지도 않을 만큼 한참 멀었다"는 게 중론이다. 토종 AI 플랫폼 '아담'을 개발한 솔트룩스의 대표는 "음성인식은 수단에 불과하다. AI가 스스로 행동할 수 있는지 여부와는 다른 차원의 문제다. 인간과 동일한 역할을 수행할 수 있는 개인비서의 탄생은 30년 내에도 어려워보인다"고 말했다. 그룹장도 "자비스는 지식을 스스로 학습하고 의사결정도 내린다. 현재로서는 이런 형태의 AI를 개발하려는 프로젝트나 시도 자체가 없는 것으로 안다. 먼 미래의 일"이라고 덧붙였다.

음성인식 기술의 진화는 AI 기술 발전 없이 불가능하다. 언어의 자유로운 패턴을 머신러닝 알고리즘으로 연결하는 것은 쉽지 않다. 단순히 인식 정확도를 높이는 것만으로는 한계가 있다. '인식한 언어를 제대로 이해했는지, 또 무엇을 할 수 있을지' 여부가 음성인식 기술 수준을 판단하는 잣대가 될 전망이다.

날씨나 스케줄, 음악 감상 등 단순한 명령을 수행하는 스피커 위주로 초기 시장이 형성된 것도 그만큼 기계가 인간의 언어를 완벽히 이해하는 것이 어렵기 때문이다. 이후에도 당분간은 음성인식을 기반으로 한 '스마트홈' 서비스가 주류일 것으로 예상된다. 집주인의 간단한 명령만 수행하면 되기 때문이다.

(3) 주요 국내외 기업 현황

① 뉘앙스 커뮤니케이션즈

그림 46 뉘앙스 커뮤니케이션즈(주) 로고
자료 : 잡코리아

뉘앙스 커뮤니케이션즈 주식회사는 시리의 음성 인식 엔진을 공급하기로 유명한 미국의 음성 인식 엔진 개발 회사이다.

뉘앙스 커뮤니케이션즈는 음성인식 전문 글로벌 기업으로, 음성 관련 솔루션을 다양하게 보유하고 있다. 예를 들면, 음성을 텍스트로 변환하거나 텍스트를 음성으로 바꾸는 원천 기술을 보유하고 있다. 현재 글로벌 음성인식 시장(음성인식, 화자인증을 모두 포함)에서 약 70%의 점유율을 보이고 있다. 음성인식 및 화자인증 등 목소리 인식에 대한 기술력은 글로벌 1위 자리를 지키고 있다.

최근에는 IoT(Internet Of Things, 사물인터넷)의 활기로 많은 가정용 전자기기(Home Appliance)에 뉘앙스 솔루션이 도입되고 있다. 이제는 단순 음성인식의 틀을 벗어나 전자기기 자체가 개인 비서의 역할을 하는 지능적인 로봇 형태의 패러다임으로 변화하고 있다. 이 외에도 가전제품에 오늘의 날씨 등을 물어보면, 해당 내용을 텍스트로 보여주거나 음성으로 알려주는 등의 부가서비스를 제공한다.

뿐만 아니라 자동차 음성인식 솔루션에서도 강세를 보이고 있다. 포드를 비롯해 여러 자동차 메이커에 기술을 공급하고 있는데 뉘앙스 커뮤니케이션의 자동차용 AI는 보다 세분화돼 있다는 장점을 가지고 있다. 최적의 주차 공간을 검색하는 '스마트 파킹'과 최적의 주유소를 검색해주는 '스마트 퓨얼', 사용자의 취향을 학습해 나가는 '스마트 POI', 자동차에 생기는 문제에 대답해 주는 '스마트 카 매뉴얼' 등으로 운전자가 필요한 것들을 쪼개 제공한다.

② 파워보이스

파워보이스는 2017년 페이콕(Paycock)과 함께 KB 금융그룹이 진행한 핀테크 스타트업 육성 프로그램 'KB 스타터스'(KB Starters)에 선정되어, 금융권으로 시장을 확장했다. 특히 KB국민은행은 파워보이스의 기술을 Liiv 등의 플랫폼에 접목한 화자인증과 음성인식 기반의 서비스를 출시했다. 화자인증은 목소리

로 로그인과 본인인증이 가능한 기술이고 음성인식은 말로 앱 기능을 실행할
수 있는 기술이다.

그림 47 파워보이스 로고
자료 : 사람인

파워보이스의 초기 아이템은 세계 최초로 화자인식기술을 상용화해 일본에도
수출된 화자인증 기술을 바탕으로 한 PC보안 프로그램이다. 현대통신 삼성중
공업 등 국내 홈네트워크 주요 업체를 고객으로 유치해 아파트나 원룸 등 주
거시설에 소음이나 잡음 환경에 강한 파워보이스의 음성인식 기술이 적용됐으
며 2000년대 중반에는 음성인식 홈네트워크 시장으로 영역을 확장했다. 특히
원거리에서 음성만으로 가전 등을 제어하는 파워보이스의 기술력은 기존의 음
성인식 서비스에 대한 패러다임을 바꿨다는 평가를 받았다.

2010년대에 들어서서는 국내 기업뿐 아니라 해외기업의 스마트 가전과 모바
일, 자동차 분야로 사업영역을 확장했다. 삼성전자와 LG전자의 에어컨, SK의
T맵 등 스마트 가전과 모바일 분야에 파워보이스의 음성인식 기술을 공급했으
며, 르노삼성자동차와 한라마이스터, 팅크웨어의 내비게이션에도 음성인식 기
술이 적용됐다. 해외의 도요타와 샤오미도 파워보이스의 주요 고객사다.

홈네트워크 사업경험을 바탕으로 지난 2015년 '사일로(SILO) 음성인식 IoT

스마트 스위치'를 출시했다. 사용자의 음성명령으로 집안의 전등을 제어할 수 있을 뿐만 아니라, 스마트폰으로 집안의 전등을 켜거나 끄고 상태를 확인할 수 있다.

 2017년에는 모바일 앱으로 카드결제나 금융거래를 가능하게 하는 화자인증 솔루션을 개발해 BC카드와 국민은행에 공급했다. 얼마 전에는 세계최초로 사용자의 목소리를 식별 및 인증해 금융거래를 가능하게 하는 서비스를 제공하고 있으며 국내 AI 서비스회사와의 상호 협력을 통해 AI 스피커를 개발하는 등 음성인식 IoT 분야에서 두각을 나타내고 있다.[51]

③ 브리지텍

그림 48 ㈜브리지텍 로고
자료 : 사람인

브리지텍은 1995년 설립된 국내 금융기관 콜센터(고객센터) 솔루션 공급 1위 업체로서 음성인식/화자인증, IP 기반 유무선 멀티미디어 서비스 및 클라우드 환경의 소프트웨어 임대서비스 사업을 영위하고 있다.

2020년 9월 전년동기 대비 별도기준 36% 증가, 영업이익 흑자 전환하였다. 코로나 19 확산 여파에 의한 콜센터 근로자들의 대응 방안 및 감염 방지를 위한 콜센터 이중화 구축 수요가 이어지며 재택근로자들에 대한 클라우드 콜센터에 대한 수요 증가가 기대된다.

---

51) [대한민국 창업대상-국무총리상]파워보이스, 음성인식·화자인증 원천기술 확보…구글 등과 경쟁, 서울경제, 2018

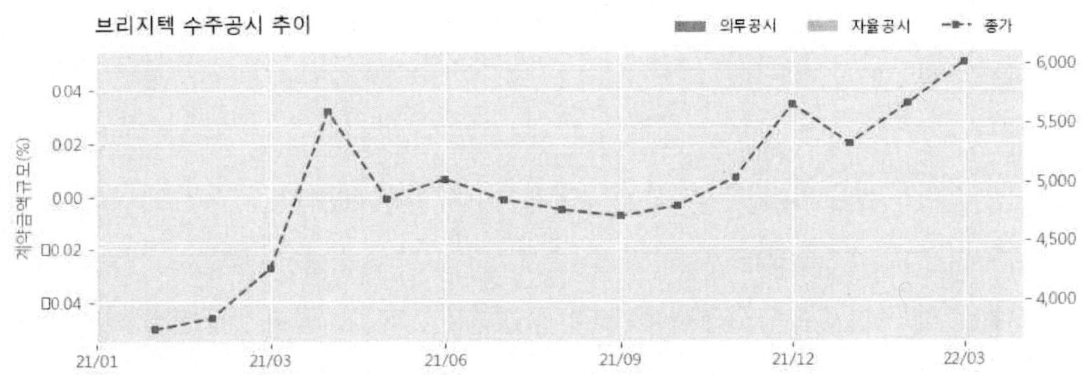

그림 49 ㈜브리지텍 분기별 수주실적
자료 : 한경로보뉴스, 2022

또한 동사는 굉장히 안정적인 재무구조를 보유하고 있다. 11년(05~16년) 연속 흑자경영을 하고 있으며, 12년 이후 평균 배당성향은 약 30%에 달한다. '16년 말 기준 316억 원의 현금성자산 보유하고 있으며, 유지보수서비스(매출비중의 약 10%)를 바탕으로 안정적인 현금흐름을 창출하고 있다.

현재 제1금융권 콜센터 시장점유율은 약 74%이며, 11년 진출한 제 2금융권(카드, 보험, 증권)시장에서도 동사의 기술력을 바탕으로 꾸준한 시장점유율 제고가 예상된다.[52]

콜센터 구축을 위해선 평균적으로 20여종의 솔루션이 필요한데, 국내 관련사업자 중 해당 솔루션을 모두 보유하고 있는 회사는 브리지텍이 유일하며, '01년부터 국내 은행을 주요 고객사로 확보, 본격 성장기에 진입했고 '08년 상장 이후, 제 2금융권의 고객사들을 신규 확보하며 성장세를 지속해왔다.

동사는 미국 뉘앙스(음성인식기업, 글로벌 1위)의 국내 유일 파트너 사로서 자연어 음성인식과 목소리 인증 기술 보유하고 있다. 이는 국내 유일 음성인식

---

52) 브리지텍 사업보고서

보안 서비스 기술이며, 동사 제품은 행동요소(말하는 속도, 억양 등)까지 포함
된 목소리를 이용하여 전 세계 표준인 FIDO(Fast Identity Online)의 본인인
증 기술을 제공하고 있다.

동사는 스마트폰을 이용하는 사용자에게는 음성과 데이터가 동시에 제공되는
멀티미디어 서비스 플랫폼인 "아이웹 솔루션"을 1금융권에 최초로 상용화하였
고 국내 최대 이동통신 사업자에게도 공급했다. 또한, 금융결제원이 바이오인
증정보 분산관리센터를 운영할 예정이어서 금융 생체인증 도입이 본격화 될
것으로 예상된다.

브리지텍의 음성인식 솔루션은 크게 음성분석과 화자인증으로 나눌 수 있다.

먼저 음성분석 솔루션인 Catch All(캐치 올)은 고객과 통화내용 음성인식 엔
진의 STT(Speech To Text) 기술을 이용하여 텍스트 데이터로 변환 후 핵심
어 검출 및 데이터마이닝을 통해 문장의 의미, 전체 통화 내용에 대한 의미를
분석하고 있다. 고객의 이슈를 바로 탐지하고 고객센터의 전체적인 서비스 품
질을 파악할 수 있으며 기업의 다양한 비즈니스 창출을 위해 정보 제공에 많
은 역할을 수행할 수 있다는 장점이 있다.

국내 최대의 한글 음성인식 데이터베이스를 가지고 있으며, 기존 녹취파일을
이용해 학습을 통하여 사용하는 단어를 최적화 시킨다. 또한, 인식률 향상과
신규 단어 인식을 위해서 튜닝 툴을 제공하고 있다.

이 솔루션을 사용하는 고객사로는 KEB 하나은행, 대신증권, NH 농협은행,
Kbank, 한국고용정보원, CJ, 롯데 홈쇼핑 등이 있다.

화자인증으로는 Catch Who(캐치 후)가 있다. 캐치 후는 발화자의 음성정보

를 이용하여 신원을 확인하는 생체인증 솔루션으로써 세계 최고의 화자인증 기술을 보유한 뉘앙스의 엔진을 적용하여 인증과 검증에 사용하는 비즈니스 환경을 제공하고 있다.

본인 인증과 화자 식별, 이를 악용한 사기를 방지하기 위한 화자 이력정보 관리, 비밀번호 초기화와 같은 다양한 활용 용도별로 특화된 상용 솔루션들이 제공되고 있다.

아테나는 브리지텍이 보유한 음성인식, 언어이해, 대화처리, 지식 DB 구축기술을 기반으로 한 AI 콜센터 제품이다. 실용적인 기술에 밝아 '전쟁의 여신'으로 불리는 그리스신화 여신 '아테나'의 이름을 따왔다.

브리지텍은 아테나를 통해 인공지능 상담사, AI 상담 도우미, 개인비서 등의 서비스를 제공하고 있으며, 현재 평창동계올림픽 AI 콜센터 실증사업을 진행 중이다.
AI 콜센터는 크게 △실시간 음성인식 기술 △언어분석, 자연어 심층 이해 기술 △질의·응답 대화처리 기술 △지식 DB 구축으로 구분할 수 있다. 이는 음성지능과 언어지능을 구현할 수 있는 핵심기술들의 결합을 통해 서비스할 수 있다.

이러한 솔루션 이용 사례로 NH 농협은행의 콜센터가 있다. 농협은행은 자사 콜센터에 브리지텍이 ECS와 손잡고 개발에 나선 인공지능(AI) 기반의 콜센터 빅데이터 시스템 구축을 완료할 것이라고 밝히기도 했다. 기존 콜센터 상담이 직접 마련된 매뉴얼을 찾아 답변해야하는 시스템이었다면, 이러한 빅데이터 시스템이 구축되고 나면 질의 내용에 맞는 답변이 실시간으로 상담원의 화면에 제시될 뿐만 아니라 상담자의 목소리 크기나 속도, 톤의 높낮이나 사용 단어 분석을 통하여 감정변화가 파악 가능해 대응할 수 있게 된다.

④ 셀바스AI

1999년 ㈜디오텍으로 시작하여 20009년 12월 코스닥에 상장되었다. 2010년에 음성 솔루션 업체인 에이치씨아이랩 지분 인수를 통해 본격적으로 음성 사업에 진출하게 되었다. 그 후 연세세브란스 체크업과 음성의료정보 연구협약을 맺고 의료녹취솔루션인 '디오보이스메디컬' 등을 출시하며 음성인식 전문 기업으로의 도약, 노력을 계속해왔으며, 이후에는 사명을 SELVAS AI로 바꾸고 AI 브랜드 'Selvy'를 런칭하며 글로벌 바이오 인식 산업으로의 도약을 위해 준비하고 있다.

필기인식과 음성인식, OCR(Optical Character Recognition) 등의 다양한 빅데이터를 기반으로 하여 Human-Machine-Interaction 기술에 대한 풍부한 경험과 노하우를 갖추고 있다. 핵심 기술 역시 빅데이터 기반의 인공지능인 셀비 프리딕션(Selvy Prediction)과 음성 솔루션인 Selvy STT가 있다.
Selvy STT(Speech to Text/Speech Recognition)는 소리 정보를 분석하여 문자, 명령어 및 다양한 형태의 정보로 변환해 주는 솔루션으로, 음성으로 대화하는 Human Interface 핵심 기술이라고 할 수 있다. AI의 핵심지능 가운데 하나인 청각지능이 SELVAS AI가 확보한 음성인식 기술의 기반이 된다.

이 솔루션은 총 4가지의 엔진으로 구성되어 있다. 정해진 어휘를 인식하는 고립어 인식 엔진, 자유롭게 발화하는 음성을 인식하는 연속어 인식 엔진, 사용자의 외국어 학습을 도와주는 교육용 인식 엔진, 소리의 종류와 방향을 검출하는 음향인식으로 구성되며, 인식된 음성 결과에 대한 형태, 의미, 대화 분석을 할 수 있는 자연어 처리 기술에 대한 끊임없는 투자 개발 진행 단계에 있다.

셀바스AI에 대한 공공기관의 관심 역시 크다. 셀바스AI의 핵심 솔루션이라고 할 수 있는 AI 기반 질병 예측 서비스 '셀비 체크업(Selvy Checkup)'과 의료 녹취 솔루션인 '셀비 메디보이스(Selvy MediVoice)'를 국군의무사령부에 구축하게 된 것이다.

당사는 국군의무사령부와 군 의료 혁신 및 서비스 품질 향상을 위한 전략적 제휴 협약(MOU)를 맺고 솔루션을 구축한 뒤 다양한 의료 데이터와 접목시켜 AI 기술의 고도화를 꾀하고 있다.

셀비 체크업은 건강 검진 빅데이터를 기반으로 질병이 미리 예측 가능한 서비스다. 검진 기록만 입력하면 셀바스AI가 자체 보유한 머신러닝 플랫폼을 통해 6대암과 주요 성인병 발병 확률 예측이 가능하며, 음성인식 솔루션인 셀비 메디보이스는 의사가 환자 진단 소견을 마이크에 대고 말하면 음성을 인식해 문서로 자동 변환해 주는 솔루션이다.

이처럼 셀바스AI의 음성인식 솔루션은 이처럼 메디컬 뿐 만 아니라 오토모티브, 다국적인 교육 보조, 시각장애인 특화 문자판독기인 노바캠리더 등 생활 전반에 응용되어지고 있으며, 그 편의성을 인정받아 꾸준한 매출 증가를 보이고 있다.

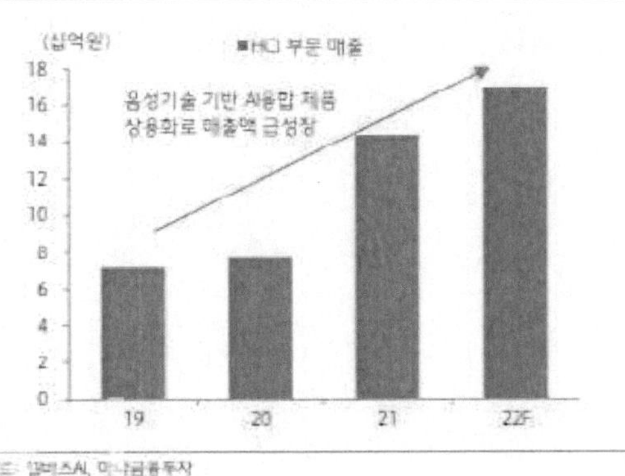

그림 50 셀바스AI 연간 실적
자료 : 증권뉴스, 2022

(4) 음성인식 시장 최근 이슈

① 엘젠아이씨티, 음성인식 신제품 출시

엘젠아이씨티가 스마트폰 기반의 음성지원 솔루션을 고도화하여 출시했다는 소식을 전했다. 고도화한 솔루션은 I-보이스 라이브러리로, 스마트폰 앱 상에서 STT(Speech To Text, 음성을 텍스트로 전환)와 TTS(Text to Speech, 텍스트를 음성으로 전환) 기능을 제공한다. 홈쇼핑 앱이나 영화극장 앱 등 다양한 곳에 쓰일 수 있다.[53]

② 애플, 음성인식 에어팟 공개

애플이 **음성인식과 무선충전 기능을 추가한 에어팟** 신제품을 공개했다. 새 에어팟은 1세대 에어팟 보다 통화시간이 최대 50% 늘어났으며 연결 시간도 빨라져 아이폰이나 애플워치, 아이패드로 번갈아 음악을 들을 때 기기 간 빠르게 전환을 할 수 있다는 것이 장점이다.

무엇보다 음성인식 기능이 추가되었다는 것이 주목할 만한 점이다. 따라서 음

---

53) 엘젠아이씨티, 음성인식 I-Voice Library 고도화 출시, 머니투데이, 2019

성으로 애플 인공지능(AI) 비서 '시리(Siri)'를 이용할 수 있다. "시리야"라고 말만 하면 노래를 바꾸거나 전화를 걸고 음량을 조절하는 등 다양한 조작을 쉽게 할 수 있는 것이다.

충전 케이스는 기본과 무선중에 선택할 수 있으며, 이번에 새로 등장한 무선 충전케이스는 치(Qi) 기반 무선 충전 패드 위에 올려서 충전하면 된다. 기존 8핀 라이트닝 케이블을 꽂아 충전할 수도 있다. 한 번의 충전으로 음악 재생은 최대 5시간, 통화는 3시간 가능하다. 15분간 급속 충전 시 음악은 3시간, 통화는 2시간까지 할 수 있다.[54]

③ 현대차, 음성인식 대화형비서 서비스 출시

현대자동차가 스마트 모빌리티 디바이스 신형 쏘나타에 카카오와 협력해 개발한 **음성인식 대화형비서 서비스**를 최초로 적용한다고 밝혔다. 차량 내 커넥티비티 시스템을 이용한 음성인식 비서 서비스를 선보이는 것은 국내에선 신형 쏘나타가 처음이다.

음성인식 비서 서비스는 카카오 인공지능 플랫폼 '카카오 i'를 활용한 서비스로, 현대차와 카카오는 2017년 초부터 스마트 스피커인 카카오미니의 다양한 기능을 차량 안에서도 순차적으로 이용할 수 있도록 공동 프로젝트를 진행해 왔다.

신형 쏘나타에 적용되는 음성인식 비서 서비스는 뉴스 브리핑, 날씨, 영화 및 TV 정보, 주가 정보, 일반상식, 스포츠 경기, 실시간 검색어 순위, 외국어 번역, 환율, 오늘의 운세, 길안내 등의 기능이 있으며, 양사는 차량 안전 운행을 방해하지 않는 콘텐츠를 중심으로 서비스 카테고리를 설정했다고 언급했다. 또한 앞으로 지속적인 검증과정을 거쳐 차량 내 가능한 서비스를 확대해 나갈

---

54) 애플, 음성인식·무선충전 갖춘 2세대 '에어팟' 공개, 서울경제, 2019

방침이라고 덧붙였다.

한편, 현대차는 신형 쏘나타에 차량용 비서 서비스를 처음 탑재한 후 내비게
이션 소프트웨어 업데이트를 통해 기존 블루링크 사용자에게도 해당 서비스를
제공할 계획이다.[55]

④ 월마트·구글 음성인식 주문 서비스 도입

미국 최대 유통업체인 월마트가 구글 스마트홈 어시스턴트를 이용해 **음성 인
식을 통한 온라인 쇼핑 기술을 도입**한다는 소식을 전했다.

월마트 관계자는 새로운 음성인식 주문 서비스에 관하여, 고객들이 이제는 구
글 어시스턴트와 대화를 통해 자신의 과거 구매 이력에 맞는 상품들을 추천
받고, 매장에 들러 물건만 찾아올 수 있어 쇼핑시간을 절약할 수 있을 것이라
고 언급했다.

2019년 4월부터 시행되는 음성기반 주문 서비스는 지난 2017년 8월부터 시
작된 구글과의 협력 사업의 결과물로 월마트는 최근 몇 년 간 마이크로소프트,
중국 JD닷컴, 일본 라쿠텐 등 각국의 IT업체와 다양한 협력관계를 맺고 있
다.[56]

음성인식 서비스는 "헤이 구글, 월마트에 말해줘"라고 말하는 방식으로 이용
가능하다. AI 비서인 구글 어시스턴트가 사용자 주문 내역을 기반으로 어떤 상
품을 원하는지 파악한다.

예를 들어, 우유를 주문하려고 한다면, "내 카트에 우유 추가해줘"라고 말한

---

55) 현대차, 신형 쏘나타에 '음성인식 대화형비서' 서비스 최초 적용, 아이뉴스24, 2019
56) 美월마트·구글 음성인식 주문 도입…아마존 견제, 뉴시스, 2019

다. 그러면 해당 고객이 정기적으로 구매하는 특정 우유가 우선적으로 장바구니에 추가되는 방식이다. "저지방 유기농 우유 1L"라고 말하는 대신 간단히 "우유"라고만 말하면 된다. 어떤 브랜드를 선호하는지, 어떤 사이즈를 원하는지 등을 자동으로 분석해주는 것이다. 이 서비스는 구글 홈 허브, 안드로이드폰, 아이폰, 스마트워치 등 구글 어시스턴트가 설치된 어떤 기기에서도 사용할 수 있다. [57]

5) 기타 인식 산업

(1) 기타 인식 시장 현황

위에서 언급한 바와 같이 주요한 생체 인식 외에도 **정맥 인식, 손모양 인식, 서명 인식, 걸음걸이 인식 등** 다양한 분야의 생체 인식 솔루션이 개발되고 있다. 아직까지는 전체 시장에서 정맥인식을 포함한 기타 인식 산업이 차지하는

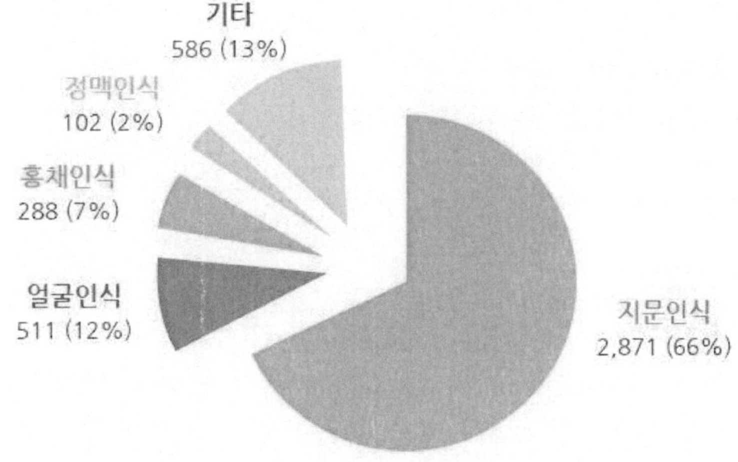

그림 51 생체 대상별 세계 생체인식 시장 규모
자료 : 한국인터넷진흥원,KISA

---

57) 월마트, 구글 어시스턴트 이용한 음성인식 주문 서비스 도입, 전자신문etnews, 2019

비중이 도합 15% 정도 밖에 미치지 않으나, 기존의 암호 보안 체제를 대체할 인증 수단으로 생체 인식이 떠오름에 따라 다양한 방향의 연구가 기대되며 이에 따라 주요 인식 산업 외의 것들도 차지하는 비중이 점점 늘어날 것으로 기대되는 추세이다.

특히 그 가운데서도 비교적 높은 비율을 차지하고 있는 정맥 인식 같은 경우 혈관에 직접적인 상처나 변화가 없다면 영구적으로 이용할 수 있다. 또한 지문 인식처럼 이물질로 인한 인식의 오류가 생기지 않으므로 범용성이 뛰어나며, 정맥 패턴 정보를 이용하기 때문에 다른 사람이 위·변조할 가능성이 없다는 것이 큰 장점이다. 최근 일본에서는 생체인증 ATM의 80%가 지정맥 인증을 사용할 정도로 그 안정성을 인정받고 있다.

정맥 인식의 경우 최근에는 3D로 손의 모양을 인식하는 방법과 융합시켜 더 보안성을 강화하는 방향으로 연구되고 있다. 이처럼 단순하게 한 가지의 생체 인식을 이용하는 것을 넘어서 두 개 이상의 생체 인식을 융·복합적으로 이용하는 방식 역시 시장 점유율을 높이는 하나의 방법으로 인정받고 있다.

(2) 주요 국내외 기업 현황

① BioID

BioID는 생체인식 보안회사로 사람 개개인마다 고유로 가진 얼굴, 목소리를 통해 어느 장소, 어느 기기를 통해서든지 간단하게 인터넷에 접속하고, 비밀번호를 잊어버리더라도 인터넷상에서 접속이 가능하도록, 또 개인 정보를 보호받을 수 있도록 서비스를 공급하는 회사이다.

그림 52 BioID 로고
자료 : BioID

BioID에서 사용하는 기술은 '멀티 모달 생체 인식'이라 하여 단순히 지문, 얼굴, 목소리 하나만을 가지고 본인을 확인하는 것이 아니라 얼굴과 목소리를 동시에 확인하는 방식이다. 이는 사람의 얼굴이나 목소리 등이 매일 바뀌거나 달라질 수 있기 때문에 있는 방식으로, 한 가지만 확인하는 방식에 비해 본인임을 더 정확하고, 유연성 있게 판별해 낼 수 있다고 한다.

BioID는 고객이 등록해놓은 사진, 목소리를 그대로 저장하지 않고, 익명의 데이터언어로 바꾸어 저장한 뒤 고객이 다시 접속할 때 전에 저장해놓은 데이터언어와 맞는지 확인 후 접속하는 방식이기 때문에, 타인, 또는 회사 내부에서도 고객의 개인정보는 유출될 수 없다고 한다. 또한 사진이나 동영상으로 속일 수 있는 다른 시스템과 달리 3D이미지 확인, 고개를 돌리거나 숫자를 말하게 하는 등의 확인 절차를 통해 개인을 더 확실하게 확인할 수 있다.

뿐만 아니라 개인을 더욱 확실하게 인증하기 위해 3D 이미지 확인, 고개를 돌리거나 숫자를 말하게 하는 등의 추가 확인 절차를 거쳐 보안을 더욱 강화하고 있다.

BioID는 현재 웹서비스와 모바일 서비스를 제공하고 있다. 이 서비스는 클라우드 기반으로 접근이 용이하며, 이를 통해 인터넷뱅킹, 로그인, 예약 등을 할 수 있다.

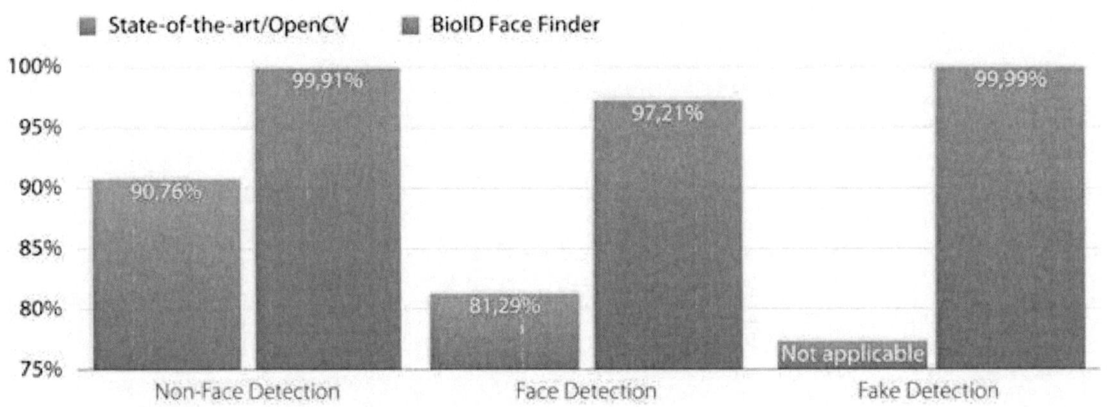

그림 53 BioID와 타 얼굴 인식장치 정밀도 비교

또한 개인의 얼굴, 목소리로 개개인을 확인하고, 접속하기 때문에 사용법을 익히는데 어렵지 않고, 접속 장치도 흔히 사용되는 웹캠, 핸드폰 카메라이기 때문에 이 서비스를 이용하기 위해 특별하게 기기를 구매하거나 준비할 필요가 없다. 뿐만 아니라 얼굴이나 목소리라는 생체인식 방법을 통하기 때문에 접근이 간단하지만 안전하며, 이 중 모바일 서비스는 app의 형태로 제공되어 컴퓨터에 비해 더 사용이 간단하고, 장소에 구애받지 않는다는 장점이 있다. BioID는 생체 인식을 통해 은행업무, 결제가 가능하며, ATM을 이용할 때 카드나 통장이 없이도 스마트폰 인식을 통해 이용이 가능하다고 말한다.

BioID는 스위스 외에도 2007년에 독일지사, 2011년엔 미국 지사를 내는 등 꾸준한 성장률을 보이고 있다. 그 외에도 JAVA의 'keystore'나 Visualstudio 등에서도 보안 매체로 이용하고 있다. 또한 2017년에는 'WorldCore(유럽의 온라인 금융 회사)'에도 보안매체로 이용되게 되었으며, WorldCore의 CEO 'Alex Nasonov'는 'BioID의 기술과 서비스를 통해 온라인 결제가 더 간단하고, 더 안전해질 것'이라고 말했다.[58]

---

58) BioID partners with Worldcore for biometric online payments, BioID-Blog, 2017

그림 54 BioID 모바일 서비스

최근 BioID에서는 목소리와 얼굴 외에 눈을 인식함으로 접속이 가능하도록 하는 서비스를 선보였다. 이는 얼굴 전체를 인식하는 것과 비교하여, 방법은 같지만 사용법과 접근성이 더 간단해 질 것으로 보인다.

② Hitachi

Hitachi는 1910년에 설립된 일본의 회사로 전기 및 전자기기를 전문으로 제조하는 기업이다. 2009년엔 한국에 지사를 설립하고 그 밖에도 미국 캐나다, 중국, 영국 등 각국에 지사를 두고 있는 거대한 기업이다.

Hitachi는 2006년 세계 최초로 손가락 정맥을 인증, 확인하는 보안 기술을 개발했다.

손가락 정맥 인증이란 근적외선 광원을 투과시켜 촬영한 손가락 정맥 화상의

HITACHI
Inspire the Next

그림 55 히타치 로고

패턴을 이용하여 개인을 식별하는 기술이다. 흔히 사용되는 얼굴이나 지문, 홍채 인식 등의 생체 인식은 기계 조건에 맞추어 미리 사진을 찍어놓거나 위조를 할 수 있는 가능성이 있지만, 지정맥(손가락 정맥)은 눈에 보이지 않고, 손가락 내부의 혈관 위치 등을 알아야 하기 때문에 위조가 불가능 하다고 한다. 또한 근적외선을 투과시켜 본인을 인증하는 방식이기 때문에 본인 외에는 누구도 인증이 불가능하다. 처음 고객이 등록할 때 취득한 지정맥 영상을 자체 알고리즘으로 변환, 저장하여 사용자가 본인 인증을 할 때, 같은 알고리즘을 검색하는 방식으로, 방법이 간단하고, 인증에 소요되는 시간이 짧다.

지정맥 인식은 카드나 통장을 대신하여 결제, 금융 거래 등을 할 수 있으며, 네트워크 본인 인증, 회사나 학교에서 출결 관리, 병원에서 본인의 이력 검색 등 다양하게 이용될 수 있다. USB형식의 소형 인증기기를 사용하기 때문에 개인이 휴대하며 사용할 수 있고, 가게 등에서도 간편하게 결제가 가능하다는 장점이 있다.

현재 Hitachi의 지정맥 인증 솔루션은 일본, 한국, 미국, 중국 등 다양한 나라에서 사용되고 있으며, 농협, 새마을금고, CAIXA등 다양한 기업에서도 사용되고 있다. 2017년 7월 4일 Hitachi의 연구원 'MATSUDA Yusuke'와

'MIURA Naoto'는 고정된 위치에서 본인 인증을 해야 하는 현재 방식이 아닌

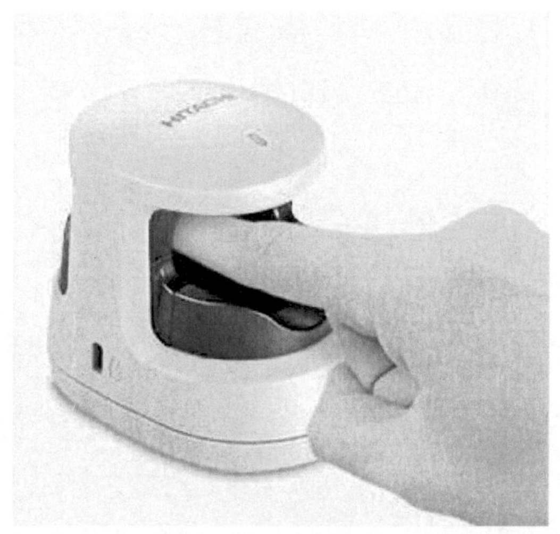

그림 56 Hitachi의 지정맥 인증 솔루션

이동하면서도 인증할 수 있는 기술을 개발할 것이라 말했다. 이들의 목적은 정확한 위치에 손가락을 넣어야 인증을 할 수 있는 현재 방식보다 더 간단하고 빠르게 인증할 수 있는 방법을 개발하는 것이 목표라 한다. 이 기술이 완성되면 유동인구가 많은 지하철역 같은 곳에서도 간단하게 결제가 가능하며, 혼잡을 줄일 수 있을 것이라 한다.[59]

3. 응용분야별 생체인식 산업 동향

1) 금융산업

기존의 생체인식 기술은 자동차, 통신, 보안, 의료에서부터, 기업의 마케팅, 공공 분야에 이르기까지 광범위한 분야에서 활용되고 있으나, 금융 산업에서의 활용도는 상대적으로 낮은 수준이었다. 그러나 최근 국내에서 공인인증서 및

---

59) Making Society Safe and Convenient with High-Precision Walkthrough Finger Vein Authentication, Hitachi-Development Story, 2017

Active-X와 관련된 여러 문제점이 제기되면서, 금융 산업을 중심으로 생체인식 기술의 활용에 대한 관심이 고조 되었다.

 금융 산업에서 생체인식 기술의 활용은 대표적으로 '본인인증' 기능과 '지불결제' 기능을 꼽을 수 있다. '본인인증' 기능은 전자상거래, ATM 사용, 금융사 지점에서 중요 거래 시 본인 확인 등 다양한 금융관련 활동 시, 당사자 본인임을 확인하는데 생체인식 기술을 활용하여 기존의 보안 취약성을 대폭 보완 할 수 있고, '지불결제' 기능은 신용카드나 화폐 등 기존의 결제 수단에 의존하지 않고, 지문 등 생체인식 기술의 활용만으로 지불 행위를 하여, 인증력과 고객의 편의성을 동시에 제고할 것으로 기대되는 기능이다.

 생체인식 기술을 활용한 '본인인증' 기능은 국내외에서 이미 상용화 되었고, '지불결제' 기능 또한 대중화가 시작되었다. 국내 카드사에서도 얼굴인식과 정맥인식 등 생체정보를 활용한 결제서비스를 시작했다. 최근 신한카드는 '신한 페이스페이' 서비스를 내놓고 전용 단말기에 저장된 카드와 얼굴정보를 활용해 얼굴인식만으로 결제를 할 수 있도록 했다. 롯데카드는 '핸드페이' 서비스를 통해 손바닥 정맥 정보를 통해 결제하도록 했으며, 삼성카드도 곧 지문인증카드를 선보일 예정이다.[60]

 이와 같은 금융권의 생체인식 서비스는 지방 은행들이 시중 은행보다 앞서 도입하는 추세이다.

 금융권에 따르면 부산은행은 2017년부터 모바일 은행 '썸뱅크'를 통해 은행권 최초로 생체인식 공인인증 서비스인 'BNK바이오패스'를 생체인증이 가능한 모든 스마트폰으로 확대 실시했다.

---

60) 생체인증 결제 내놓는 카드사들 … 새로운 수익원 전망, 퀀경제, 2021

그림 57 홍채인증 ATM
자료 : 은행권 홍채인증 ATM 고객들로부터 외면 받아, 시사저널e, 2017

'BNK바이오패스'는 공인인증서 비밀번호를 숫자나 문자가 아닌 지문 등 생체
인증으로 대체하는 서비스다. 부산은행은 앞서 삼성전자 삼성패스와 제휴해 갤
럭시 S8을 통해 홍채 및 지문인식 바이오 공인인증 서비스를 출시한 바 있다.
이 서비스를 갤럭시 S8 기종뿐 만 아니라 지문, 홍채, 안면인식 등 생체인식
기술을 활용한 본인 인증방식이 가능한 모든 스마트폰으로 서비스를 확대했다.
부산은행은 부산은행 스마트뱅킹인 '굿뱅크'에서도 BNK바이오패스를 제공했
다.
경남은행도 삼성패스 생체인증 서비스를 경남은행 모바일 앱인 투유금융센터
앱까지 확대해 고객들의 바이오인증 이용 폭을 한층 넓혔다.

DGB대구은행 역시 갤럭시 S8 출시에 맞춰 삼성패스를 통해 지문, 홍채 복합
인증으로 계좌이체가 가능한 '바이오 복합인증 이체 서비스'를 도입한 바 있
다. '바이오 복합인증 이체 서비스'는 보안카드나 OTP, 비밀번호와 공인인증서
제출 없이 지문, 홍채 인증만으로 1회 30만원, 1일 100만원까지 계좌이체가
가능한 서비스다.

전북은행은 모바일뱅킹 '뉴스마트뱅킹'에 공인인증서 및 보안카드가 필요 없
는 지문인증 서비스를 도입한 후 삼성과 손잡고 홍채인증 서비스를 선보인 바
있다. 전북은행은 영업점 및 ATM 등에도 바이오정보를 활용한 서비스를 적용
할 계획이다.

최근 KEB하나은행, NH농협은행은 생체정보만으로 공인인증서를 대체하는 방
식을 선보였다. KEB하나은행은 지문에 이어 홍채정보를, NH농협은행은 지문
정보를 각각 글로벌 생체인증 업계 표준인 FIDO 표준과 자체 개발한 기술을
더하는 방법으로 모바일뱅킹 앱에 적용했다.

KEB하나은행 IT보안부 과장은 1Q뱅크앱에 적용된 생체인증을 두고 "공인인
증서 비밀번호가 아니라 아예 공인인증서를 대체하는 방식"이라며 "홍채나 지
문 등을 활용해 기술적으로 부인방지효과를 낼 수 있도록 했다"고 밝혔다.

공인인증서와 FIDO 표준 기반 생체인증은 모두 공개키와 개인키를 활용해 내
가 상대방과 온라인 상에서 거래를 했다는 사실을 증명할 수 있는 '공개키 기
반구조(PKI)'라는 글로벌 표준 보안기술을 활용한다.

차이점이 있다면 공인인증서는 제3의 공인된 기관이 당사자들(사용자-은행)
간에 인증서가 안전하게 발급됐다는 사실을 증명한다면 FIDO 표준 기반 생체
인증은 사용자의 스마트폰 안에 안전한 저장소에 생체정보를 보관하고 있다는
점을 근거로 내가 직접 거래를 했다는 사실을 증명한다.

하나은행은 사용자가 1Q뱅크앱을 사용하기 위해 지문, 홍채 등을 처음 스마
트폰에 등록할 때 본인인증용 개인키와 전자서명용 개인키가 각각 만들어진다.
이체할 때 사용자가 지문을 터치하거나 홍채를 인식시키면 스마트폰에 저장된
본인인증용 개인키와 비교해 내가 거래를 하고 있다는 사실을 확인한다. 그 다

음은 전자서명용 개인키로 이체 관련 정보를 전자 서명해 은행 서버에 보낸다. 은행은 자체 구축한 서버에 미리 저장해 놓은 해당 사용자의 전자서명용 공개키로 거래 내역을 확인한다.

이에 대하여 하나은행 관계자는 "FIDO 표준을 활용한 것은 맞지만 IT자회사인 하나INS와 함께 거래 안전성을 확보하기 위한 추가적인 보안조치를 취했다"고 설명했다.

다만 계좌이체와 같은 전자금융거래를 하기 위해서는 반드시 한 번은 온오프라인 상에서 신분증을 제출해 본인실명을 확인하고, 전자금융가입자로 등록하는 절차를 밟아야만 한다. 또한 공인인증서를 생체인증 방식으로 대체한다고 하더라도 이체를 위해 ARS를 통한 본인인증이나 보안카드, 일회용 비밀번호(OTP)를 입력해야한다는 점은 여전히 불편한 사항으로 지적된다.

이와 관련하여 관계자는 "만약 보안카드나 OTP를 안 쓰고 홍채인증(혹은 지문인증)만으로 이체를 하게 하려면 추가적인 실명확인을 위한 절차가 들어 가야할 것"이라고 밝혔다.

NH농협은행도 비슷한 방식을 썼다. 사용자 입장에서 이체를 할 때 보안카드나 OTP 등을 넣고 이체버튼을 누르면 지문인증을 한다. 그 다음은 스마트폰에서 한번 사용자를 인증하고, 해당 값을 은행 자체 서버에 보내 재검증한다. 그 뒤에 이체 관련 내역을 전자 서명해 다시 은행 서버로 보내 이체를 실행한다.

NH농협은행 스마트금융부 관계자는 "은행 입장에서 공인인증서를 쓰느냐 아니냐는 큰 이슈는 아니다"라며 "중요한 것은 그동안 공인인증서를 발급하거나 재발급할 때 겪는 불편함이나 공인인증서(개인키 포함)가 분실되는 문제를 해

소하려고 한 것"이라고 강조했다.[61]

은행권은 핀테크 혁신 일환으로 홍채인식 금융거래 서비스를 적극 도입한 바 있다. 신한은행, KEB하나은행, 우리은행은 지문과 홍채인식 기술을 도입했고, NH농협은행, 씨티은행, KB국민은행은 지문 인식을 적용했다.

주요 시중은행들은 갤럭시노트7 출시 후로 모바일뱅킹에 이 서비스를 탑재하는 방안을 추진 중이었지만 갤럭시노트7이 단종 되며 서비스 확산에 어려움을 겪었다. 결국 갤럭시노트7 전량 회수 방침이 나오면서 은행 홍채인증 모바일 연동서비스는 일시 중단된 상태다. 은행권은 삼선전자 갤럭시S7 등 차세대 스마트폰에 기대를 걸었던 상황이었지만 발화사건으로 인해 홍채인증 서비스 도입이 미뤄졌다고 진단했다.[62]

(1) SBI저축은행, 안면인식 자금이체

SBI저축은행은 저축은행이 간편인증 시스템에 생체인증을 이용할 수 있도록 FIDO(Fast IDentity Online)인증 표준을 적용했다고 밝혔다.

SBI간편인증은 기존 모바일 뱅킹 서비스인 'SBI스마트뱅킹'에 블록체인 기술을 바탕으로 개발한 전자서명 및 간편이체 기능을 넣은 것으로 과거 인증 수단으로 사용하던 공인인증서보다 안전성과 편의성을 개선한 서비스다.

이를 통해 스마트뱅킹 서비스 이용 고객은 **'지문인식'**이나 **'안면인식'**을 통해 간편하게 전자서명을 진행할 수 있을 뿐만 아니라 1회 30만원, 1일 100만원 한도로 간편 이체 까지 할 수 있다.

---

61) 지디넷코리아, 2016.08.29. <금융권, 공인인증 대신 생체인증 밀어주나>
62) 은행권 홍채인증 ATM 고객들로부터 외면 받아, 시사저널e, 2017

한편, SBI저축은행은 서비스 오픈을 기념해, 2019년 5월 31일까지 이벤트를 진행하고 있으며, 이벤트 기간 신규고객은 SBI 스마트뱅킹 애플리케이션 및 지점 방문을 통해 사이다보통예금 가입 후 간편인증 서비스를 등록하면 자동으로 이벤트에 응모된다. 기존 사이다보통예금 고객은 간편인증 서비스에 가입하면 이벤트에 참여할 수 있다. 추첨을 통해 총 200명에게 커피 교환권을 지급한다.[63]

(2) 신한·비씨·하나카드, 생체인증 서비스 확산

신한카드, 비씨카드, 하나카드는 LG히다찌, 나이스정보통신과 함께 생체 인증 기술인 지정맥을 활용한 무 매체 간편 결제 사업(가칭 FingPay) 추진 계획을 밝혔다.

지정맥 솔루션은 손가락 정맥 패턴을 이용해 인증을 하는 기술로, 손가락 정맥 패턴은 모든 사람이 각기 다른 만큼 위·변조가 불가능하며 인증 속도가 빠르고 사용 방법이 편리하다. 특히 손가락만 대면 되기 때문에 카드나 스마트폰 등 기존의 결제 수단을 소지하지 않아도 결제가 가능하고 인식 장치 크기가 작아서 복잡한 가맹점 카운터에 설치가 용이하다는 장점이 있다.

신한카드, 비씨카드, 하나카드 고객들은 지문 등 기존 생체 인증 수단에 추가로 지정맥을 활용해 실생활 속에서 편리하고 안전하게 결제 서비스를 이용할 수 있을 것으로 기대하고 있다.

지정맥 솔루션은 현재 일본 내 생체 인증이 가능한 ATM의 80% 이상에서 이미 사용되고 있으며, 유럽과 미국 등에서도 백화점, 식당 등 다양한 유통업체에 적용되고 있다. 신한카드 등 5개사가 참여하는 이번 사업은 국내에서 처음으로 지정맥을 카드 결제에 적용하는 것으로, 우선 국내 유명 편의점 프랜차이

---

63) SBI저축은행, 안면인식으로 자금이체 `SBI간편인증` 서비스, 한국금융, 2019

즈 가맹점을 대상으로 사업을 진행하고 향후 다른 가맹점으로 확대할 계획이
다.[64]

2) 스마트폰

모바일 생체인식 시장은 향후 급속도로 성장할 것으로 보인다. '생체인식 시
장동향 보고서 2021'에 따르면 모바일 생체인식 시장이 매년 19%씩 증가해 2
024년 156억 3,000만 달러 정도로 커질 것으로 예상했다.[65]

전자업계 관계자는 "핀테크 확산과 맞물려 생체인식 기술이 모바일 기기에
확대 적용될 것으로 예상 된다"며 "외국 기업들이 주도하고 있는 모바일 생체
인식 시장에 국내 벤처업계도 기술력으로 승부를 해 새로운 먹거리로 만들어

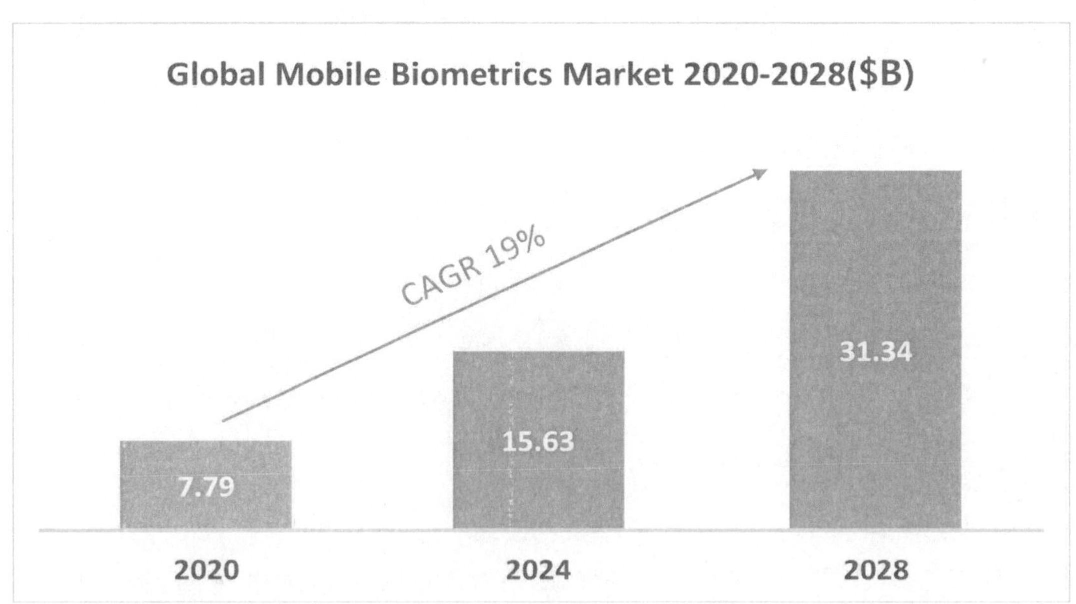

그림 58 글로벌 모바일 생체시장 전망 2020-2028
자료 : Technavio, 2020 (재구성)

---

64) 신한·비씨·하나카드, 생체인증 서비스 확산 위해 손잡는다, 대한금융신문, 2018
65) 생체인식 시장동향 보고서 2021, 정보통신산업진흥원(글로벌ICT포털), 2021

야 한다"고 말했다.

스마트폰에 지문인식 기능이 처음으로 도입된 것은 지난 2011년 2월 출시된 모토로라의 '아트릭스'로서, 단말의 후면에 지문인식 스캐너를 탑재했다. 이어서 애플이 iPhone5S를 발표한 9월보다 한 달 앞선 2013년 8월 국내팬택은 모토로라와 마찬가지로 후면에 지문인식 센서를 탑재한 '베가 시크릿노트'를 출시하였다. 이 외에도 HTC 역시 후면에 지문인식 센서를 탑재한 'One Max'를 2013년 10월 공개했다.

애플은 2013년 9월 iPhone5S를 발표하면서 지문인식을 통해 잠금 해제 등의 기능을 수행할 수 있는 'Touch ID'를 강조했는데, 전면의 홈 버튼에 지문인식 센서를 탑재한 것이 가장 큰 특징이다. 기존의 스마트폰에 적용된 지문인식 센서들이 센서에 손가락을 긁어내는 방식으로 지문 정보를 파악하는 '스와이프(swipe)' 방식인 것과 달리 애플이 도입한 것은 단순히 센서에 손가락을 대면 인식이 되는 '에어리어(area)' 방식이라는 점도 특징 중 하나이다.

또한 Touch ID는 스와이프 방식과 달리 어떤 방향에서 손가락을 센서에 접촉시켜도 인식이 가능하다는 차이점이 존재한다. 애플은 이미 2012년 7월 지문인식 솔루션 업체인 오션텍(Authentec)을 3억 5,600만 달러에 인수한 바 있어, iPhone에의 지문인식 기능 도입은 시기가 불확실했을 뿐 도입 자체는 이미 기정사실화 되어 있었다. 애플이 오션텍을 인수했을 당시 삼성전자는 이미 오션텍과 갤럭시S 단말에의 센서 적용을 위해 협력하고 있었던 것으로 알려졌는데, 오션텍이 애플에 인수된 직후 타 고객사에게의 센서 공급을 중단하면서 삼성전자는 다른 센서 업체와의 협력으로 선회하였다.
또한 애플의 오션텍 인수는 삼성전자를 비롯해 타 단말업체나 구글 등 경쟁업체들이 생체인식에 대한 투자를 확대하는 요인으로 작용하였다. 애플은 오션텍을 인수한 직후 지문인식과 관련된 특허 출원에 활발한 움직임을 보이기 시작했다. 디스플레이에 센서를 내장하는 센서의 형태와 관련된 특허는 물론 어떤 손가락의 지문인가를 파악하고 손가락의 움직임을 통해 서로 다른 기능을 수행하는 방법에 대한 특허도 존재한다.[66]

이러한 흐름을 타고 2015년부터는 지문인식 기능이 탑재된 스마트폰이 20개가 넘게 출시되었다. 또한 애플, 레노버 등 대형 PC제조사는 태블릿PC에도 지문인식 기능을 추가하기도 했다. 스마트폰 업계에서 지문인식은 이제 필수적인 요소가 되었다. 특허청에 따르면 최근 5년간 모바일 생체인식기술과 관련된 출원을 조사해 본 결과, 2011년 76건에서 2015년 178건으로 출원량이 대폭 증가한 것으로 나타났다.

기술·분야별로는 스마트폰에 적용된 기술로서 음성인식을 이용한 출원이 270건(43.3%)으로 가장 많았으며, 얼굴인식을 이용한 출원이 103건(16.5%), 지문인식을 이용한 출원이 172건(27.5%), 홍채인식을 이용한 출원이 40건(6.4%)을 차지하는 것으로 나타났다. 출원주체별로는 LG전자, 삼성전자 등의 기업이 418건(67.0%), 개인이 157건(25.1%), 대학이 29건(4.7%), 연구기관이 20건(3.2%)으로 출원을 많이 한 것으로 조사되었다.

삼성전자는 2016년 갤럭시노트7에 홍채 인식 기술을 탑재했다. 삼성전자는 홍채인식 기술과 자사의 보안 플랫폼 녹스를 결합해 업계 최고 수준의 보안 솔루션을 제공했다는 평가를 받았다. 하지만 갤럭시노트7은 출시 직후 잇따른 발화 사고로 인해 조기에 단종 됐다. 이러한 문제점들을 보완해 다시 선보인 제품이 2017년 3월 29일 출시된 갤럭시 S8이다. 삼성전자는 이 제품에 다시 홍채인식 기술을 도입했다. 제품에 탑재된 홍채인식 기능은 0.01초만에 사용자의 홍채를 식별해 스크린 잠금장치를 해제할 정도로 우수하다는 평가를 받고 있다.

---

66) 생체인식, 스마트폰의 핵심 경쟁요소로 부상, 방송지원본부 방송기획부, 2014

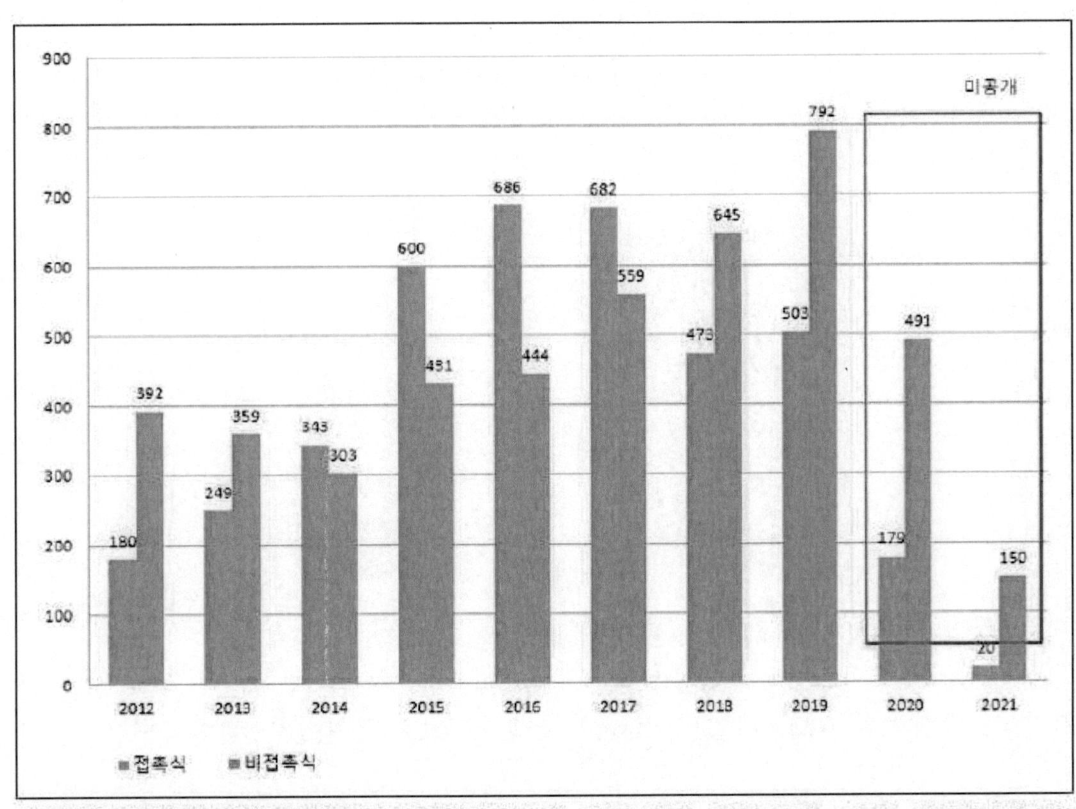

생체인식 관련 특허 출원 건수(G06K 9, 패턴인식 분야), 2012.01.01.~2021.10.25 G06K 9(패턴인식분야)
국내특허출원, 미공개건 제외(접촉식은 지문인식, 비접촉식은 얼굴인식, 홍채인식, 음성인식으로 한정)

그림 59 생체인식 관련 특허 출원 현황
자료 : [보안]코로나가 부채질, 비접촉 생체인식 기술 특허 급증, 월간 전자과학 elec4, 2022

삼성전자는 홍채인식 기능을 모바일 뱅킹에 적용해 각종 웹 사이트 로그인과
모바일뱅킹 서비스를 안전하고 쉽게 이용할 수 있도록 한다는 방침이다. 여기

에 홍채 인식을 삼성 페이와 연동해 기존 전자금융 거래 시 필요한 공인인증
서나 일회용 패스워드(OTP), 보안카드 등을 대체했다.

애플은 2017년 9월 출시한 아이폰8에 안면인식 기능을 탑재했다. 애플은 이
스라엘의 스타트업 '리얼페이스'를 인수하여 안면인식 기능을 보유했다.

애플은 미국 특허청에 전면 카메라를 통한 사용자 인식 기능에 대한 특허를
출원하기도 했다. JP모건은 애플이 3D레이저 스캐너를 장착하고 이를 통해 안

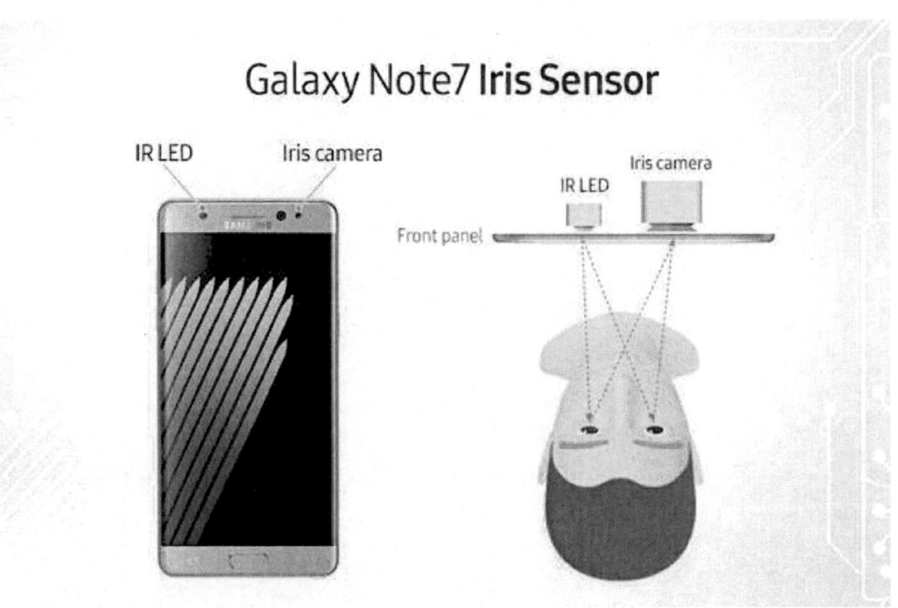

그림 60 갤럭시 note7 홍채인식 기술

면인식, 증강현실(AR), 가상현실(VR) 등에 활용할 것이라고 전망했다.

LG전자는 G6에 지문인식 기술만 탑재했다. LG전자의 지문인식 기술은 사용자가 후면부 지문인식 버튼에 손가락을 터치하면 에어리어 타입 센서가 이를 감지해 사용자 신원을 확인하는 방식이다. 이는 LG전자의 독자 화면 터치형 UI인 노크코드와 함께 사용이 가능하다. 노크코드는 사용자가 임의로 설정한 패턴을 통해 화면을 터치해 전원을 켜는 것은 물론 보안인증을 거치도록 한 기능이다.

LG전자가 생체인식 기술 도입에 신중했던 이유는 삼성전자의 갤럭시노트7의 단종으로 인한 홍채시장 성장의 주춤세에 따른 것으로 보인다. LG전자는 이로 인해 아직은 시장이 안정화에 들어가지 않았다고 판단하고 바이오 인증 기술 도입에 신중을 기했다.

이러한 상황에서 스마트폰 생체인식 중 스마트폰 시장에서 지문인식이 가장 선호되는 생체인식 방법인 것으로 나타났다. 사용자들이 가장 편하게 이용할 수 있고 홍채나 안면인식에 비해 모듈을 적용할 수 있는 위치선정이 자유롭기 때문이다.

 한 업계 관계자는 "어떤 최신 기술이든 사용자가 편리함을 느끼지 못하면 그 기술은 죽은 것이나 마찬가지"라며 "지문인식은 정말 간단하게 사용할 수 있는 생체인식 방식이라서 스마트폰 제조사들이 지속적으로 적용할 생체인식 방법"이라고 말했다. 이어 "모듈의 두께도 카메라보다 얇고 위치도 전면, 후면 상관없이 어디에든 장착할 수 있어 부품 실장 측면에서도 강점을 보인다"고 말했다.

 실제로 갤럭시S8은 전면 물리 홈버튼을 없애고 디스플레이를 극대화하는 과정에서 지문인식 버튼이 후면에 위치했다. 여기에 더해 삼성전자는 디스플레이 내장형 지문인식 모듈도 개발해 갤럭시시리즈에 탑재했다.

 지문·홍채·안면 인식에서 우려되는 점은 보안 문제다. 누군가 자신의 생체 정보를 위조하면 비밀번호나 공인인증서와 달리 변경하거나 재발급이 불가능하다는 것이 이유다.

 특히 독일 해커들이 갤럭시S8 홍채 인식 보안을 뚫는 법을 인터넷에 올리면서 사용자들의 불안감이 증폭됐다. 이 해커들은 과거 아이폰5S의 지문인식 해킹도 시도해 성공한 바 있다. 안면인식은 그저 사진으로만 인식해도 잠금이 풀리는 등 가장 낮은 보안 수준을 보이고 있다.

 전문가들은 여러 잠금 해제 및 본인 인증 기능에서 생체인식이 현재까지는 가장 안전한 방식이라면서도 지속적인 보안 기능 업데이트가 중요하다고 입을 모았다. 즉 해킹 기술이 발전하면 발전할수록 그것을 막는 하드웨어·소프트웨어적인 기술도 함께 발전시켜 나가야 한다는 것이다.

(1) LG 스마트폰, 생체인식 기능

그림 61 LG G8 ThinQ (자료: LG홈페이지)

LG전자는 새로운 스마트폰 모델에 최신 생체인식 기능을 더했다고 전했다. 4G 폰인 LG G8 ThinQ가 바로 그 주인공이다. LG가 G8 ThinQ에 도입한 생체인식 기능은 **'정맥 인식'** 기능으로, 카메라를 향해 손바닥을 비추기만 하면 카메라가 손바닥 안에 위치한 정맥 위치, 모양, 굵기 등을 인식해 사용자를 식별한다. 정맥은 사람마다 다르기 때문에 보안성도 높다는 설명이다.

정맥 인식뿐 아니라 사용자의 얼굴을 입체적으로 인식하는 **'얼굴인식'** 기능도 있다. 'Z 카메라'는 ToF 센서와 적외선 센서의 조합으로 빛의 유무와 관계없이 사용자의 얼굴을 구분해낸다. 이 때문에 빛이 없는 어두운 곳이나 밝은 햇볕을 등지는 경우, 인식이 잘 되지 않는 기존 구조광(SL, Structured Light) 방식 한계를 극복했다.[67] 이로써 G8씽큐 사용자는 지문, 정맥, 얼굴 세 가지 생체인식을 골라 쓸 수 있게 되었다.[68]

---

67) [MWC 2019] LG G8, '에어모션-생체인식' 관심 집중, 뉴데일리 경제, 2019
68) [MWC 2019] LG G8씽큐, '보는 눈'이 달라졌다⋯손짓 조작에 정맥인식까지, Chosun, 2019

(2) 삼성 갤럭시, 홍채 인식부터 초음파 지문인식까지

삼성전자는 갤럭시노트7에 생체인식 기술 중 **'홍채인식'** 기능을 처음 도입했었다. 그 후 갤럭시S 시리즈와 갤럭시 노트 시리즈에 홍채인식 기능을 지속적으로 탑재해왔다. 홍채인식은 개인이 지닌 고유한 홍채 모양을 적외선 방식으로 스캔한 다음, 잠금이나 결제 등 본인 확인이 필요할 때마다 이를 대조하는 방식으로, 홍채 형태를 복제하기란 거의 불가능하기 때문에 현행 기술로 이용 가능한 생체 인식 중 가장 안전하고 신뢰할 수 있다는 장점이 있다.

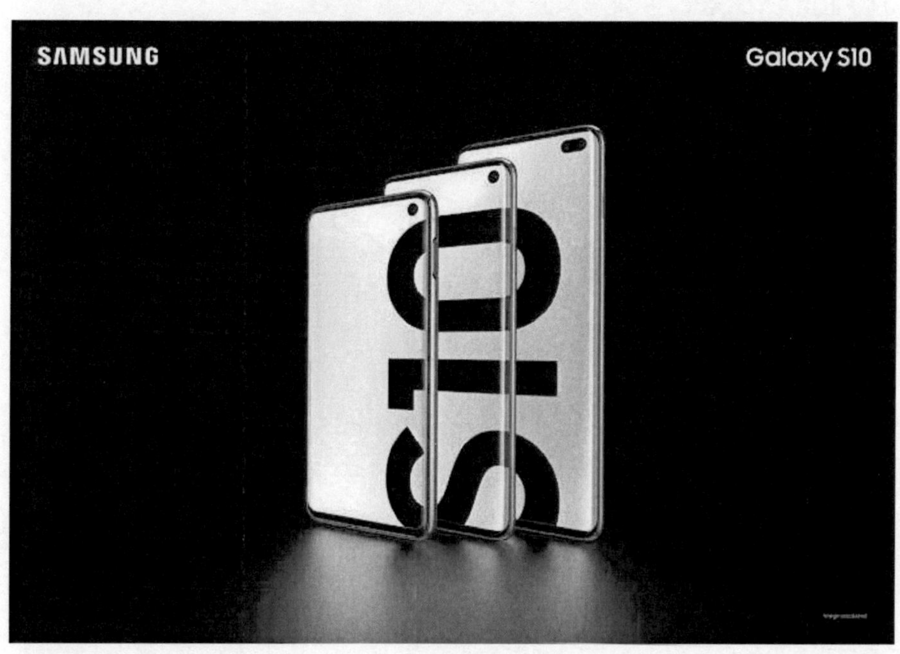

그림 62 삼성 갤럭시 S10(자료: 삼성전자 홈페이지)

그러나 삼성전자는 새로운 모델 갤럭시S10를 발표하면서 '홍채인식' 대신 **'초음파 지문 인식'** 기능을 선택했다. 그 이유는 홍채인식 기능의 저조한 사용률 때문이었고, 갤럭시S10에 탑재된 홀(구멍) 디스플레이의 구멍을 최소화시키기 위함이었다. 삼성 관계자는 홍채인식 기능을 은행, 결제 등 금융기능과 관련된 곳에 추가했었는데, 쓰는 사람이 적다보니 이를 무리하게 유지하는 것도 바람직하지 않겠다는 결론을 내렸다고 덧붙였다.[69]

---

69) 가장 안전하다던 홍채인식, 갤S10서 왜 사라졌나, ZDNet Korea, 2019

갤럭시S10에 새로 추가된 생체인식 기술 '초음파 지문 인식'은 세계 최초로 FIDO 얼라이언스 생체 부품 인증을 받을 만큼 성능을 인정받았으며, 위조지문이나 종이지문으로는 뚫리지 않아 보안 측면에서 유리하다. 지문 인식 센서 위치는 후면에서 전면으로, 초음파 방식으로 바뀌었다. 홈버튼이 있었던 기존 스마트폰 하단쯤에 지문을 얹으면 바로 인식한다. 화면이 꺼진 상태에서도 인식이 가능하다. S10e 모델은 이와 달리 오른쪽 전원 버튼 근처에 있다.[70]

(3) 애플 아이폰, 정맥 스캔 기술 특허 출원

외신 업계에 따르면, 애플이 얼굴의 혈관과 정맥을 읽어 들이는 기술을 특허 출원했다고 보도했다. 이는 아이폰에 탑재되어 있는 **'얼굴인식'** 기능 '페이스 아이디(ID)'가 향후 사람 얼굴을 더 정확하게 구별해낼 수 있도록 얼굴의 혈관과 정맥을 읽어 들이는 기술을 도입하는 것이다.

미국특허상표청(USPTO)에 등록된 애플 특허 내용을 살펴보면 얼굴 모양으로 생체인증이 어려운 경우 피부 밑 정맥 패턴으로 사람을 구분할 수 있다. 이를 활용하면 일란성 쌍둥이 등 기존 페이스ID로 분간해 내기 어려운 닮은꼴 얼굴을 정맥 패턴으로 구분해낼 수 있게 된다.

'정맥 패턴'을 읽어 들이는 방법에는 '적외선'이 사용된다. 적외선은 이미 페이스ID가 사용자의 얼굴을 구분할 때 사용된다. 즉, 기존 아이폰에 탑재된 페이스ID 시스템을 소프트웨어 업그레이드만으로 적외선 스캔 기능을 더할 수 있는 셈이다.[71]

---

70) 세계 첫 초음파 지문인식…꽉 채운 화면엔 카메라 구멍만, 경향비즈, 2019
71) 아이폰 얼굴인식 정확도 높아지나, 애플 정맥 스캔 기술 특허 출원, iT chosun, 2019

(4) 애플 에어팟, 생체인식 센서 부착

애플이 맞춤형 디자인과 **'생체인식 센서'**가 부착된 에어팟을 출시할 계획을 밝혔다. 외신에 따르면, 애플이 에어팟의 기능성을 늘리는 특허를 받았다고 보도했다. 새로운 에어팟 디자인은 가능한 모든 사람의 귀에 맞추도록 압착하는 형태를 보이고 있다.[72]

또한 최근 애플은 에어팟에 탑재될 생체인식 센서에 대한 새로운 특허를 취득했다. 센서가 개인의 귓구멍 형상을 인식해 에어팟 사용자 본인인지 아닌지를 구별해낼 수 있다고 특허 관련 사이트 패튼트리 애플(Patently Apple)에 보도됐다. 이로 인해 에어팟이 반려동물처럼 주인을 인식하게 되어 에어팟 도난의 위험이 크게 줄어들게 된다. 2명 이상의 귓구멍을 인식하도록 하여 다른 사람과 이어폰을 공유하는 것도 가능해진다.

이 기술은 또한 사용자의 심장 박동수나 체온 측정, 걸음걸이 데이터 등 건강 관련 데이터를 취득할 수 있다.[73]

3) 사물인터넷

최근에는 생체인식 기술이 스마트폰을 넘어 사물인터넷(IoT) 시장에서도 주목받고 있다. 사물인터넷(IoT) 기반의 핀테크, 헬스케어, 위치기반서비스 등의 서비스가 확대되면서 해킹이나 개인정보 유출의 위험에 대응하기 위한 안전한 보안기술로 부상하고 있기 때문이다. 이러한 사물인터넷과의 융합은 금융·컴퓨터·정보시스템 보안, 통신기기 및 서비스 관리, 출입관리, 의료복지 및 공공분야 등 광범위한 분야에 적용이 예상된다. ICT 및 모바일 기반 서비스의 지능

---

72) 애플, 귀 모양에 따라 변하는 에어팟 특허 출원...생체 인식 센서도 부착, 키뉴스, 2018
73) [글로벌]귓구멍으로 생체인증... 애플, 신기능 에어팟 출시 가능성, 아이티데일리, 2022

화, 개인화가 진행될수록 생체인식 기술의 적용범위는 더욱 확대될 전망이다. 근 지문인식 기술이 스마트폰에 본격적으로 적용된 데 이어 향후에는 얼굴·홍채·정맥·음성 등 다양한 생체인식 기술이 대중화될 것으로 기대되며, IT 기업들도 이런 기대들을 토대로 각각 핵심적인 생체인식 기술들을 주목 및 활용하고 있다.

그림 63 애플 스마트 워치

애플은 사물인터넷(IoT) 시장을 열 핵심 기술로 비콘(Beacon)을 정조준 했다. 이 기술은 블루투스 기반으로 5㎝~49m 거리를 감지할 수 있다. 비콘은 기존 GPS에 비해 좁은 오차범위로 훨씬 정교한 위치기반서비스(LBS)를 제공할 수 있는 셈이다. 애플은 미국 전역 애플 스토어에 비콘을 도입했으며, 대형 유통업체, 스포츠 업체들이 많은 관심을 보이고 있다.

구글은 애플의 비콘 대항마로 니어바이(Nearby) 기술을 눈여겨보고 있다. 구글이 안드로이드 OS에 생체인식 기술을 강화하는 것도 향후 니어바이 기술을 확산시키기 위한 사전 작업인 것으로 분석된다.

생체인식 관련 업체 한 전문가는 "생체인식 기술이 가미되면 스마트폰을 열쇠로 출입통제에 활용할 수 있는 등 다양한 서비스가 얼마든지 등장할 수 있다"며 "국내 업계는 특허 및 원천 기술을 미리 확보하고, 생체인식 기반 산업 생태계를 조성하는 데 서둘러야 한다"고 말했다.[74]

최근 주택시장에도 사물인터넷을 주거시스템과 결합한 인공지능 아파트가 선보이고 있으며, 생체인식 기술이 아파트 보안시스템에 활용되고 있다.

피데스개발이 공급하는 '평택 비전 레이크 푸르지오'에는 얼굴인식 출입관리시스템이 적용된다. 얼굴인식 출입관리 시스템은 지문, 정맥, 홍채 등에 비해 사용자 편의성·보안성이 높은 방식이다.

피데스개발은 평택 비전 레이크 푸르지오 주동 현관 출입구 전체에 안면인식 출입관리시스템을 설치할 계획이다. 미리 등록된 입주고객들이 주동 현관 출입구에 설치된 얼굴인식 출입관리시스템에 다가가기만 하면 안면 인식을 통해 문이 자동으로 열린다.

이러한 기능은 특히 비밀번호를 외우기 어려운 어린이나 노인에게 편리하다. 출입키나 카드를 잊어버리거나 잠깐 갖고 있지 않아도 언제든 출입이 가능하다. 미리 관리사무실 시스템에 얼굴인식을 등록한 입주민은 이후 출입 시 자동으로 인식한다.

또한 미국 특허청이 공개한 애플의 생체인식 기술특허는 스마트워치 본체와 시계줄에 있는 센서로 팔 근육의 미세한 움직임은 물론 팔 운동 상태 등을 감지해 사용자 동작을 인식, 스마트워치를 작동하도록 한 것이다.

스마트워치를 찬 상태에서 손바닥을 아래로 뒤집으면 전화 수신을 거부할 수 있고, 손가락을 위로 움직여 볼륨을 키울 수 있는 등 생체와 동작 인식으로 기능실행과 명령을 내릴 수 있게 된다는 것이다. 이같은 생체인식 기능을 적용한 웨어러블 기기는 앞으로 가상현실(VR), 증강현실(AR) 기술 및 IoT, 인공지능,

---

74) 생체인식 기술, 스마트폰 넘어 사물인터넷(IoT) 등 차세대 제품 시장에서도 주목, 전자신문, 2014

빅데이터, 클라우드 등의 기술과 결합하여 스마트폰을 대체할 수 있다는 전망
이다.

이에 따라 삼성전자도 스마트워치에서 구현할 수 있는 생체인식 기술을 개발
중이다. 폰아레나 등 외신에 따르면 삼성은 스마트워치로 사용자의 정맥을 인
식해 본인 인증을 하는 기술을 미국 특허청에 출원했다. 스마트워치에 적용한
적외선 센서를 통해 사용자의 정맥을 스캔, 본인 인증에 활용할 수 있는 기술
이다.

국내 기업인 크루셜텍은 '사물인터넷(IoT) 생활기기용' 임베디드 지문인식 솔
루션을 공개했다. '논모바일(Non-Mobile)' 제품이 타깃인 솔루션으로 생체인
식 센서 계열사인 캔버스바이오와 공동으로 개발했다.

회사측은 "BTP는 스마트폰의 AP(Application Processor)를 이용하지만 임베
디드 지문인식 솔루션은 자체 중앙처리장치로 작동된다"며 "개별 AP에 맞춘
소프트웨어를 추가로 지원할 필요 없이 임베디드 지문인식 솔루션만 공급하면
되는 셈"이라고 설명했다.

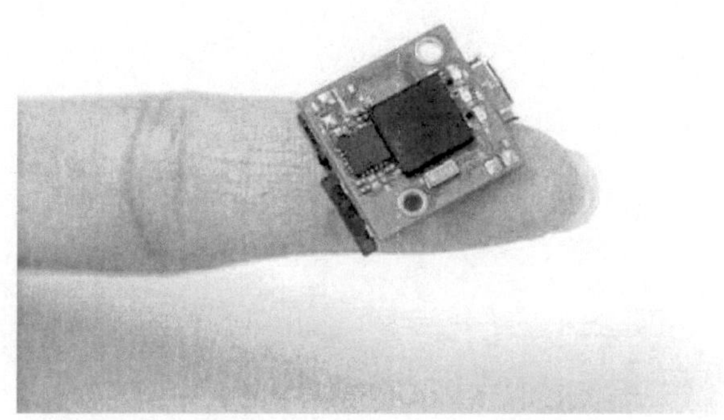

그림 64 크루셜텍 임베디드 지문인식 솔루션
자료 : 크루셜텍, 'IoT 지문인식 솔루션' 세계최초 공
개, 더벨, 2017

임베디드 지문인식 솔루션은 PC(Personal Computer)와 냉장고, 전동휠 등 가전 기기부터 금고와 서랍 등에 이르기까지 여러 제품에 탑재가 가능하다. BTP(Biometric TrackPad)와 기능은 유사하나 자체 MCU(시스템 반도체)와 알고리즘을 갖추고 있어 중앙처리장치가 없는 기기에도 활용할 수 있다.[75]

많은 전문가들은 생체인식 기술이 단순히 스마트워치나 각종 전자기기의 기능 강화를 넘어 향후 IoT 등과 결합해 인공지능 사회에서 스마트워치의 활용성을 크게 높일 것이라는 데 주목하고 있다. 가령 스마트워치를 찬 손목을 움직여 차의 시동을 걸거나, 스마트워치로 정맥을 인식해 본인 확인을 거쳐 집의 문을 여는 등 다양한 산업과 생활 분야에서 스마트워치가 핵심 기기 역할을 할 수 있다는 관측이다.

---

75) 크루셜텍, 'IoT 지문인식 솔루션' 세계최초 공개, 더벨, 2017

V. 결론

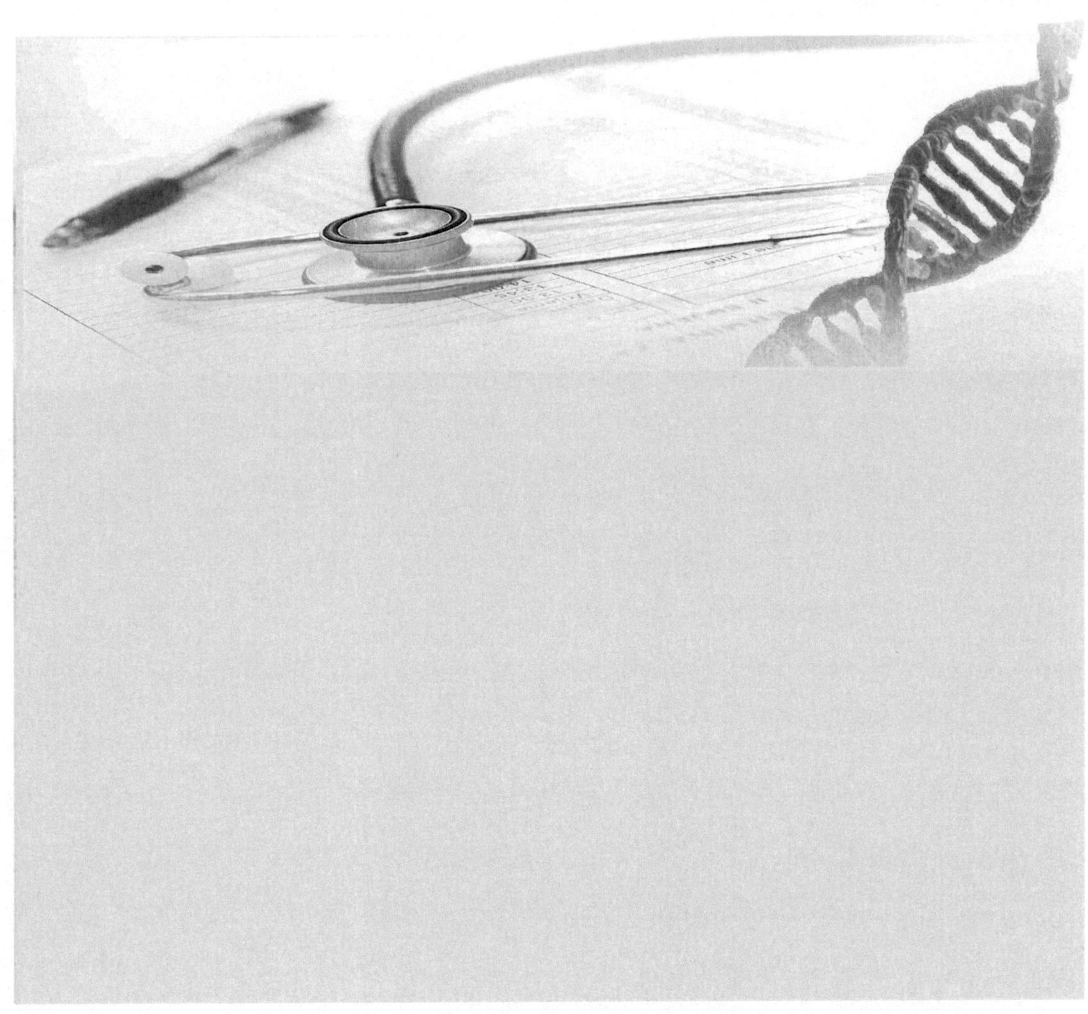

V. 결론

 크게 동적 생체인식과 정적 생체인식으로 나누어질 수 있는 생체인식 기술은 개인의 독특하고 고유한 특징을 담고 있어 도난·위조·복제가 불가능하고, 분실할 위험이 없어 정보의 개방화가 이루어지고 있는 현 시점에서 기존의 비밀번호를 대체할 수 있는 주요 인증 수단으로 급부상 하고 있다.

 생체 인식 기술은 세계적으로는 다양한 다국적 기업들이 주축이 되는 FIDO(Fast IDentity Online) 연합을 통하여 글로벌 생체인증 규격과 표준화를 위해 노력하고 있으며, 국내에서는 한국 인터넷진흥원을 주축으로 그 개발과 표준화가 추진되고 있다.

 FIDO연합에서는 기존의 모바일 중심 FIDO 1.0에서 웹으로 확대 대응 가능한 FIDO 2.0이 개발되었으며, 당분간은 공인인증 기술의 대체 인증으로 FIDO 기술이 광범위하게 사용될 것이라 예상 되어지고 있다.

 현재까지는 전 세계 생체인식시장은 공공부문과 중대형 기업들이 시장을 주도해왔고 이중에서 지문인식시장이 전체 생체인식시장의 75%를 점유하고 있다. 주로, 출입통제 및 근태관리, CCTV, 출입국관리소, 도어락 등에서 채택률이 증가하고 있다.

 바이오인식 시스템은 출입보안뿐만 아니라 노무관리, 급여관리 등 인사관리 분야와 연관된 ERP 시스템 등과 연계하여 제품이 확장되고 있다. 근태관리에 있어 카드 방식에서는 카드를 가진 대리인과 당사자를 구분할 수 없었지만 바이오인식 시스템은 본인만 확인되어 근태관련 정확한 데이터 수집을 통해 급여와 인력관리 시스템을 통합해 효율적인 인적자원 관리가 가능하기 때문에 다양한 분야에서 출입 근태관리시스템 수요가 증대될 것으로 예상된다.

　모바일로 대표되는 스마트기기 시장에서의 바이오인식시장은 이제 시작단계에 들어섰다. 애플, 삼성 등이 스마트페이 서비스를 제공하면서 기존unlock기능에 불과하던 지문인식 기능이 결제를 위한 인증영역으로 확대되면서 중저가 스마트폰에도 지문인식 기능을 추가하기 시작했다.

　2015년 기준 글로벌 스마트폰 지문인식 단말기는 3.5억대로 탑재율은 25%였지만, 전 모델에 지문인식 모듈을 탑재한 애플 아이폰 2.3억대를 제외하면 지문인식 탑재율은 10.5%에 불과하며 판매 대수로는 1.3억대였다.

　그러나, 바이오인식기술이 적용된 각사의 플래그십 모델이 적용되면서 지문인식이 적용된 스마트폰은 2016년에는 5.3억대, 탑재율이 34%로 증가하였고, 2017년에는 최초로 지문인식 기능이 50% 점유율을 넘는 등 차후에는 대부분의 스마트폰에 지문인식 기능이 탑재될 것을 기대할 수 있다.

　또한, 핀테크, O2O, 모바일결제, 웨어러블, IoT 등 새로운 가치를 창출하는 IT기술 발전과 함께 본인인증의 중요성이 강조됨에 따라 바이오인증은 편의성과 보안성을 확보할 수 있는 가장 안전한 대체 수단으로 인식됨에 따라 그 수요가 증가할 것으로 예상된다.

　국내 생체인식 시장은 매년마다 계속해서 빠르게 성장할 것으로 전망된다. 그 중 얼굴인식 시장의 경우 2015년에는 869억원 정도로 규모가 크지 않았으나 연평균 성장률 11%로 2023년에는 2070억원까지 확대될 것으로 전망되고 있다.

　국내 정보 보안 산업은 간편 결제 서비스, 인터넷전문은행 등 핀테크의 확대 등으로 연평균 14.2%의 성장이 전망된다. 정보보안 시장은 보안제품과 서비스로 나뉘는데, 정보보안제품 시장은 서비스 시장 대비 4배 정도의 시장으로 절대 규모는 크지만, 서비스 시장이 제품 시장 대비 높은 성장세를 보일 것으로 전망된다.

 글로벌 생체인식 시장은 매년 15% 폭으로 성장해 2028년에는 1,050억달러의 규모가 될 것으로 정보통신산업진흥원은 예측했다. 본 기관은 향후 다양한 생체정보를 활용한 인식 기술이 발전하고, 코로나19 확산에 따른 비접촉 생체정보 인식 도입이 증가될 것으로 보고 있다. 또한 핀테크, 헬스케어, 위치기반서비스, 개인화 서비스가 확대되면서 금융, 모바일, 의료 복지, 출입관리, 공공서비스, 자동차, 검역, 범죄수사 등 광범위한 분야에 적용이 예상되는 바이다.

 모바일 생체인식 시장은 연평균 19%씩 지속적인 성장을 통해 2024년에 156억 3,000만 달러 정도로 커질 것으로 예상했다. 특히 스마트폰 지문인식 탑재율이 2012년 0.5%에서, 2020년 47.5%로 확대되고, 홍채인식도 탑재율도 2015년 스마트폰 판매량 대비 1%도 안 되는 수준이었으나, 2020년 10.6%로 빠른 성장세를 보여, 생체인식과 지문인식 탑재 스마트폰 증가가 모바일 생체인식시장 확대에 기여할 것으로 전망된다.

 생체인식 기술은 스마트폰 적용을 계기로 폭발적 성장이 예상되며, 스마트홈 등을 중심으로 생활 저변으로 확산될 전망이다. 시장조사업체 가트너는 2016-2017년 스마트폰 기술 성능 Top10 중 하나로 생체인증 기술을 선정하기도 했으며, 2019년 선진시장 전체가구의 10%는 최소 5개 생체 인식 기술 적용 기기를 보유할 전망이라고 했다. 이렇듯 스마트폰 생체 인식 기술 적용은 보안 및 이용 편의 등 차별화된 경험을 제공하여 스마트 홈솔루션에서 생체 인식 기술 적용 계기를 제공했다.

 대표적인 업체로는 지문인식 업체인 핑거프린트카드, 시냅틱스, 구딕스, 이지스 테크놀로지, 크루셜텍, 슈프리마가 홍채 인식 업체로는 EyeLock, 에프에스

티, 아이리스아이디, 파트론 등이 얼굴인식과 음성인식 산업에는 각각 NEC,
뉘앙스 커뮤니케이션즈 등이 대표기업으로 대거 포진하고 있으며, 각자의 영역
에서 독자적인 기술력을 확보했다. 애플, 삼성전자 등 글로벌 벤더는 지문인식
과 여타 생체 인식 기술 간 통합을 통한 복합인증 서비스(예: 지문+홍채, 지문
+얼굴 등) 구현을 추진하고 있다. 이를 위해 글로벌 벤더+이종 생체인식 기술
기업 간의 협업과 발 빠른 시장 대응이 중요한 이슈로 부각될 전망이다.[76]

---

76) 생체 인식 기술 및 업계 동향, 정보통신기술진흥센터, 2016

초판 1쇄 인쇄 2017년 8월 27일
초판 1쇄 발행 2017년 9월 4일
개정판 1쇄 발행 2019년 4월 15일
개정2판 발행 2021년 1월 25일
개정3판 발행 2022년 11월 28일

편저 ㈜비피기술거래
펴낸곳 비티타임즈
발행자번호 959406
주소 전북 전주시 서신동 832번지 4층
대표전화 063 277 3557
팩스 063 277 3558
이메일 bpj3558@naver.com
ISBN 979-11-6345-396-3(93570)
가격 66,000원

이 도서의 국립중앙도서관 출판예정도서목록(CIP)은 서지정보유통지원시스템 홈페이지
(http://seoji.nl.go.kr)와국가자료공동목록시스템(http://www.nl.go.kr/kolisnet)에서 이용하
실 수 있습니다.